高等职业技术教育"十二五"规划教材

控制测量实训教程

主　编　张慧慧　孙艳崇

西南交通大学出版社
·成　都·

内容简介

本书主要是针对高职高专学生实践培养需要而编写的，可以作为"控制测量"课程的配套教材。全书共分为五个部分，包括控制测量实训须知、控制测量单项实训、控制测量综合实训、全站仪简要简要手册、附表。通过本书的学习，学生能充分掌握整个控制测量实训过程。

本书可作为高职高专测绘类专业的配套教材使用，也可作为施工单位测绘工程技术人员参考用书。

图书在版编目（CIP）数据

控制测量实训教程/张慧慧，孙艳崇主编．—成都：
西南交通大学出版社，2015.6
高等职业技术教育"十二五"规划教材
ISBN 978-7-5643-3918-0

Ⅰ. ①控… Ⅱ. ①张… ②孙… Ⅲ. ①控制测量－高等职业教育－教材 Ⅳ. ①P221

中国版本图书馆 CIP 数据核字（2015）第 111526 号

高等职业技术教育"十二五"规划教材

控制测量实训教程

主编　张慧慧　孙艳崇

责 任 编 辑	曾荣兵
封 面 设 计	本格设计
出 版 发 行	西南交通大学出版社 （四川省成都市金牛区交大路 146 号）
发 行 部 电 话	028-87600564　028-87600533
邮 政 编 码	610031
网　　　　址	http://www.xnjdcbs.com
印　　　　刷	成都蓉军广告印务有限责任公司
成 品 尺 寸	185 mm × 260 mm
印　　　　张	8
字　　　　数	198 千
版　　　　次	2015 年 6 月第 1 版
印　　　　次	2015 年 6 月第 1 次
书　　　　号	ISBN 978-7-5643-3918-0
定　　　　价	19.80 元

课件咨询电话：028-87600533
图书如有印装质量问题　本社负责退换
版权所有　盗版必究　举报电话：028-87600562

前　言

"控制测量"这门课程操作实践性很强，理论授课同课间实训需要相互结合，交叉进行教学，其教学内容分为三个部分，即理论教学部分、单项实训部分和综合实训部分。实训教学学时数占本门课程的教学学时数比重较大，约占 2/3。故在本书编写过程中，十分注重理论与实践相结合，特别强调培养学生的创新思维和实际动手能力，并帮助他们巩固课堂所学理论知识，加深对控制测量基本理论的理解，能够用相关理论指导作业实践，做到理论与实践相统一，提高分析和解决控制测量技术问题的能力；同时加强学生的规范化意识，帮助他们理解并掌握国家有关规范的相关条款，将其作为进行控制测量工作的技术依据。通过完成控制测量单项实训项目和综合实训项目的基本技能训练，使学生熟悉控制测量的外业观测与内业计算工作的全过程，增强规范化意识，学会使用测量规范、利用各种技术手段进行各等级控制网的布设、数据采集和处理的基本方法与技能。

本书分为四大部分：第一部分为控制测量实训须知，主要内容是仪器的使用制度、实习纪律和实习注意事项。第二部分为控制测量单项实训，是在控制测量课程的学习进程中所进行的单项测量基本技能训练，主要内容包括方向观测法观测水平角、一级导线测量、二等水准测量及测量数据的平差计算等。第三部分为综合实训，是在学完控制测量全部课程之后所进行的控制测量综合能力训练。综合实训需要完成（或模拟）一项控制测量任务，即外业勘测、选点、观测、计算和技术总结等一项完整的任务。第四部分为全站仪说明书，介绍了托普康全站仪和南方全站仪的简要使用方法。最后为附表部分，主要是控制测量实习中常用的外业观测记录表格和计算表格。

本书由辽宁省交通高等专科学校张慧慧、孙艳崇主编，辽宁省交通高等专科学校林玉祥教授在书稿编订过程中给予了全面的指导，在此表示感谢！同时，本书参阅了大量的书籍和文献资料，引用了部分专家、学者的研究成果，在此一并表示感谢！

由于编者水平有限和时间仓促，书中难免存在不足之处，恳请广大师生给予批评指正。

编　者

2014.5

目　录

第一部分　控制测量实训须知 1

第二部分　控制测量单项实训 6
 实训项目一　　熟悉 DJ_2 型经纬仪的使用 6
 实训项目二　　测回法观测水平角和竖直角 9
 实训项目三　　方向观测法观测水平角 11
 实训项目四　　经纬仪视准轴误差和垂轴误差的测定方法 14
 实训项目五　　全站仪的认识与测角测距 17
 实训项目六　　Ⅰ级导线测量的外业数据采集 18
 实训项目七　　导线测量外业观测数据的化算 20
 实训项目八　　闭合导线及附合导线的简易平差计算 23
 实训项目九　　无定向导线的简易平差计算 26
 实训项目十　　导线的严密平差计算 27
 实训项目十一　导线单角错误的检查方法 31
 实训项目十二　导线单边错误的检查方法 33
 实训项目十三　水准仪 i 角的检验方法 35
 实训项目十四　二等水准测量 37
 实训项目十五　水准测量严密平差计算 39
 实训项目十六　五等三角高程测量 42
 实训项目十七　三角高程测量严密平差计算 44
 实训项目十八　测量坐标系的转换 47
 实训项目十九　不同基准下坐标的转换 48
 实训项目二十　控制测量技术总结 52

第三部分　控制测量综合实训 54
 项目一　控制测量综合实训（实训任务） 54
 项目二　控制测量综合实训（实训指导书） 57

第四部分　全站仪简要操作手册 65
 项目一　南方全站仪简要说明书 65
 项目二　拓普康全站仪简要说明书 68

参考文献 73

附　表 74

第一部分　控制测量实训须知

控制测量实训是为掌握控制测量基本技能所进行的训练，对学生良好的职业素质养成起着重要的作用。在实训中，要严格执行现行的测量规范，遵守测绘行规和实习纪律，保证实训的顺利进行，达到实训的目的。

一、一般规定

（1）在上实习课前，学生应根据实习项目与要求、复习教材中的有关内容，认真做好预习，以明确实习目的和任务，熟悉实习步骤、操作方法、记录、计算及实习中的注意事项；同时准备好所需文具用品，以便实习课程顺利进行。

（2）在认真学习教材内容，融会贯通、掌握方法的基础上，拟定出实训实施步骤和细则。对实训的全过程应心中有数，做起来有条不紊。

（3）实训器材的准备工作一般由测量实验室有关老师根据实训任务书的要求逐一落实。实训进行前，每组同学遵照实验室的规章制度办理领取手续后，方可将仪器带出实验室。

（4）上下楼梯时，禁止将脚架扛在肩上，以免脱落砸伤他人，正确的方式是背好脚架背带，脚架尖部朝下，放在胸前顺抱架腿。上下楼梯时，同样的，对中杆的尖部应朝下，顺放在胸前，禁止将对中杆扛在肩上，以免误伤他人。上下楼梯时禁止打闹及跑步上下楼梯。

（5）实训场地将根据实训内容的要求，由指导教师事先进行准备。实训课开始前，实训者必须在指定地点就位。

（6）测量实习按组为单位独立进行，每组学生人数一般应为4~5人，每组民主选组长一人，负责组内实习分工实施、仪器设备管理与考勤工作。组长应注意合理、均匀地给组员分配任务，使每项工作都由组员轮流担任，不可以单纯为了追求测量进度而让一些同学固定做某些工作。测量进度不作为实习成绩的评定依据，组内同学分工不均匀扣组长的分。组长要注意根据本组的实际情况，适时召开全体组员会议，及时总结经验教训，加强组员间的协调，加快工作进度。

（7）在实习过程中，要遵守纪律，禁止打闹，爱护校园内的花草树木和所有公共设施。

（8）绝不允许任何人坐在仪器箱上，如有发现，其实验或实习成绩降一个档次。实验结束，应按规定每人或每组提交一份记录手簿或实验报告。

二、测量仪器的借领、使用和维护

1．仪器的借领

学生进行控制测量实训，所用仪器设备应依学校的有关规定到实验室借领，借领时应做如下项目的检查：

（1）仪器箱检查。仪器箱盖是否关好、锁好，锁扣是否牢固，仪器箱背带、提手是否牢固。

（2）脚架检查。脚架与仪器是否匹配，脚架是否稳固、各部分是否完好。

（3）仪器检查。该项检查涉及内容较多，不同类型仪器检查的项目也不尽相同，借领仪器时应对所借仪器做全面检查或对部分主要项目进行检查。检查项目大致如下：仪器有无旧有的摔伤或破损，箱内附件是否齐全，制微动机构功能是否正常，照准部是否旋转自如，光学测微器功能是否正确，目镜与物镜的调焦功能，光学镜片有无污迹，脚螺旋是否间隙适中、旋转自如，对点器功能是否正确，其他各按键及旋钮的功能是否正常等。对于电子类仪器设备，应做通电测试。

（4）附属设备检查。有些实训项目需要用到一些其他附属设备，如反光棱镜、水准尺等，对这些附属设备的功能和质量应做仔细检查。

2．仪器的归还

（1）仪器用毕归还前，应将脚螺旋、微动螺旋至于适中位置，并用毛刷将仪器上灰尘掸净，盖好物镜盖。

（2）将脚架上的泥土及灰尘擦拭干净。对于因瓦水准标尺，回拢扶尺环、用软布将标尺尺面与地面擦拭干净。

（3）如仪器在使用时出现异常情况，应主动向仪器管理人员说明。

（4）将仪器箱打开，等待仪器管理人员检查验收。

3．仪器的开箱与装箱

（1）仪器箱平放在地面上或其他平台上后才能开箱，不要抱在怀里或托在手中开箱。

（2）取出仪器前应先牢固安放好三脚架；仪器自箱中取出后不宜用手久抱，应尽快固定在三脚架上。

（3）开箱后在未取出仪器前，要注意仪器安放的位置和方向，以免用毕装箱时因安放不正确而损伤仪器。

（4）仪器用毕装箱时，应将脚螺旋和微动螺旋置于适中位置，关闭补偿器开关，将各制动钮松开（若是立式仪器箱，应将制动钮紧固），轻轻扣好箱盖，搭好环扣、锁好。

4．仪器的取用

（1）自箱内取出仪器时，应一手托住照准部支架，另一手扶住基座部分，轻拿轻放，不要用一只手抓仪器。

（2）取仪器和使用仪器过程中，要注意避免触摸仪器的目镜、物镜、棱镜等光学部件，以免沾污，影响成像质量。绝对不允许用手指或手帕等物擦拭仪器的光学部分。

（3）仪器自箱中取出后，应立即将仪器箱关上，免得丢失箱内附件或灰尘等杂物进入箱中。

5．架设仪器的注意事项

（1）全站仪每次设站必须由一人完成，即同一个人负责架设脚架，将仪器取出，并安放好仪器。

（2）架设脚架前，必须检查架腿脚尖连接是否稳固，检查架腿及架头连接处是否稳固及是否有损坏，且检查脚架各连接螺旋是否都旋紧。伸缩式脚架三条腿抽出后要把固定螺旋拧紧，但不可用力过猛而造成螺旋滑丝，又需防止因螺旋未拧紧使脚架自行收缩而摔坏仪器。

（3）脚架架设高度应在观测着的胸部左右，调整好高度后，应拧紧架腿伸缩螺旋；有风时，应将两个架腿迎风放置，且三条腿分开的跨度要适中，并得太靠拢容易被碰倒，分得太开容易滑开；安置好脚架后，可用手晃动脚架以检查脚架是否稳固。

（4）在脚架安放稳妥并将仪器放到脚架头上后，要立刻旋紧仪器和脚架间的中心连接螺旋，防止因忘记拧上连接螺旋而摔坏仪器。

（5）仪器对中时，连接螺旋禁止完全拧开；正确的方法是松开连接螺旋1~2扣，然后平移底座。

（6）全站仪架设应靠在路边，以免影响车辆通过，任何时候不得蹬、坐仪器箱。

（7）任何时候禁止拧开基座固定钮，架设前应检查此基座固定钮是否锁紧（逆时针为锁紧）；并检查提手固定钮是否拧紧。

（8）任何时候全站仪及棱镜旁边都必须留人看守。

（9）全站仪淋雨后应立即关机（如已关机，禁止开机检查仪器），以免仪器在潮湿的状态下开机工作而损伤电路。

6．使用仪器的注意事项

（1）有太阳时必须给仪器打伞遮阳，防止烈日暴晒；注意防止雨淋仪器和仪器箱。

（2）在任何时候，仪器必须有人守护。

（3）制动螺旋不宜拧得太紧；微动螺旋和脚螺旋宜使用中段，松紧要调节适当。

（4）操作仪器时，用力要均匀，动作要准确、轻捷，用力过大或动作太猛都会造成对仪器的伤害。

（5）仪器用毕装箱前，清点箱内附件，如有缺少，立刻寻找。用软毛刷轻拂仪器表面的灰土，将物镜盖盖好，然后将仪器箱关上，扣紧、锁好。

（6）实训期间尽量使存放仪器的室温与工作地点的温度接近。

（7）棱镜、透镜等光学部件不得用手接触或用毛巾等擦拭，必要时要使用擦镜纸或麂皮擦拭。

（8）对于电子仪器，应保证其电源电压稳定可靠；不可把物镜对向太阳，以免烧毁电子元器件；当出现极端气象天气时，应停止观测。

7．仪器出现故障时的处理

（1）发现仪器出现故障，应立即停止使用，及时向指导教师或仪器管理人员汇报，禁止擅自拆卸，应由实验室专业维修人员进行维修。

（2）仪器出现故障，不能勉强带病使用，以免加剧损坏程度。

（3）当仪器在使用时出现像滑落等重大事故时，绝不可隐瞒，应及时向指导教师汇报，并将事故的详细经过以书面形式上报至仪器管理部门。

8．仪器迁站的注意事项

（1）在长距离迁站或通过行走不便的地区（如较大的沟渠、山林等）时，应将仪器装入箱内搬迁。

（2）在短距离或且平坦地区迁站时，仪器可以不必装箱，但要保证：仪器要尽量保持竖直状态，尽可能使仪器安全。

（3）每次迁站都要清点所有仪器、附件、器材等，防止丢失。

（4）迁站时切勿跑行，防止摔坏仪器。

（5）在迁站时一定要将电子类仪器的电源关闭。

三、测量资料的记录要求

每日观测结束，应对外业记录手簿进行检查，当使用电子记录时，应保存原始观测数据，根据需要打印输出相关数据和预先设置的各项限差。测量资料记录是测量成果的原始数据，十分重要。为保证测量数据的绝对可靠，实习时即应养成良好的职业习惯。记录的要求如下：

（1）对于观测员报出的读数，应先复述再记录；实习记录应和正式作业一样必须直接填写在规定的表格上，不得转抄，更不得用零散纸张记录，再行转抄。

（2）所有记录与计算均用绘图铅笔（2H 或 3H）记载。字体应端正清晰，只应稍大于格子的一半，以便留出空隙作错误的更正。

（3）凡记录表格上规定应填写的项目不得留空白，如日期、天气情况等。

（4）禁止擦拭、涂改和挖补，发现错误应在错误处用横线划去。淘汰某整个部分时可用斜线划去，不得使原字模糊不清。修改局部错误时，则将局部数字划去，将正确数字写在原数上方。

（5）所有记录的修改，必须在备注栏内注明原因，如"读错"、"记错"、"超限"和"测错方向"等。

（6）禁止连环更改，即已修改了平均数，则不准再改计算得此一平均数的任何一个原始读数；改正任一原始读数，则不准再改其平均数。假如两个读数均错误，则应重测重记。

（7）原始观测的尾部读数不准更改，如角度读数如果最后一位是"秒"，则"秒"位读数不准涂改；如果是二等水准测量，最后一位是"0.1 mm"不能涂改，正确的做法是将该部分观测结果废去重测。

（8）迁站时应检查本站观测数据的完整性，并经检核无超限时方可迁站。

（9）成果的记录、计算的小数取位要按规定执行。各等级导线测量和水准测量的记录与计算的数字取值精度见表1-1和表1-2。

表1-1 精密导线测量的数字取值精度

等级	观测方向值及各项改正数/″	边长观测值及各项改正数/m	边长与坐标/m	方位角/″
二等	0.01	0.0001	0.001	0.01
三、四等	0.1	0.001	0.001	0.1
一级及以下	1	0.001	0.001	1

表1-2 精密水准测量的数字取值精度

等级	往（返）测距离总和/km	往返测距离中数/km	测站高差/mm	往（返）测高差总合/mm	往返测高中数/mm	高程/mm
二等	0.01	0.1	0.01	0.01	0.1	0.1
三等	0.01	0.1	0.1	1.0	1.0	1.0
四等	0.01	0.1	0.1	1.0	1.0	1.0

第二部分 控制测量单项实训

实训项目一 熟悉 DJ$_2$ 型经纬仪的使用

一、实训目的

（1）复习 DJ$_2$ 型经纬仪各部件的名称及作用。
（2）掌握经纬仪光学对中的方法，尤其掌握脚螺旋对中的方法。
（3）熟悉 DJ$_2$ 型光学经纬仪的操作步骤、水平角及竖直角的读数方法。
（4）熟悉 DJ$_2$ 型光学经纬仪度盘配置的方法。

二、实训仪器与工具

每实训小组的仪器：DJ$_2$ 型经纬仪 1 台，测钎 2 个，记录板 1 块，自备铅笔 1 根。

三、经纬仪的认识与使用方法

1. DJ$_2$ 型经纬仪的组成

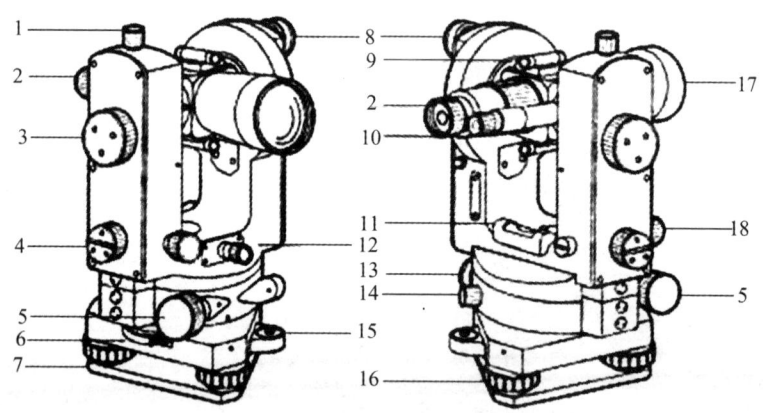

图 2-1 DJ$_2$ 型经纬仪的组成部件

1—垂直制动螺旋；2—望远镜目镜；3—度盘读数测微轮；4—度盘换像轮；5—水平微动螺旋；
6—水平度盘位置变换轮；7—基座；8—垂直度盘照明镜；9—瞄准器；10—读数目镜；
11—平盘水准管；12—光学对中器；13—水平度盘照明镜；14—水平制动螺旋；
15—基座圆水准器；16—脚螺旋；17—望远镜物镜；18—垂直微动螺旋

2．DJ$_2$型经纬仪的使用方法

（1）安置（对中、整平）。

对中的目的是使仪器中心与测站点位于同一铅垂线上；整平目的是使水平度盘处于水平位置。对中和整平需要结合移动脚架，伸缩脚架，调整基座脚螺旋和平移基座等各步骤配合使用。其具体操作步骤如下：

① 将仪器置于测站点上，使架头大致水平，三个脚螺旋的高度适中，光学对点器大致在测站点铅垂线上。

② 转动对点器目镜，看清分划板中心圈（十字丝），再拉动或旋转目镜，使测站点影像清晰，三脚架一个架腿保持不动，移动另外两个架腿进行对中。

③ 依据圆气泡的偏移方向，伸缩三脚架的某一架腿，以调整其高度进行粗平。此步骤要反复进行，最终要使圆气泡居中，此时经纬仪即粗略整平。

④ 旋转经纬仪照准部，使长气泡平行于两个脚螺旋，并对向调整此两个脚螺旋，进行精确整平，然后经纬仪旋转90°，再调整第三个脚螺旋进行整平。此步骤要反复进行，直至经纬仪旋转到任何方向长气泡均居中。

⑤ 松开基座连接螺旋，平移基座进行精确对中。对中后，如果气泡偏移，则重复第④步骤，进行整平；如果地面点偏移对点器十字线中心，则再进行对中，反复进行上述操作，直至最后完成精确对中和精确整平。

⑥ 如果在第⑤步操作中，目标点离最对点器十字丝较远，平移基座无法对中，则应采用脚螺旋进行对中，然后再重复③、④、⑤步骤，直至完成对中和整平。

（2）瞄准。

① 松开仪器水平制动螺旋和望远镜制动螺旋，将望远镜对向明亮背景，转动目镜调焦螺旋，使十字丝最为清晰。

② 用望远镜上方的粗瞄准器对准目标，然后拧紧水平制动螺旋和望远镜制动螺旋。

③ 转动物镜调焦螺旋，使目标成像清晰。

④ 转动水平微动螺旋和望远镜微动螺旋，使十字丝交点对准目标，并注意消除视差。观测水平角时，将目标影像夹在双丝内且与双纵丝对称，或用单纵丝平分目标；观测竖直角时，应使十字丝中丝与目标顶部相切。

（3）水平度盘配置方法（如将某方向的水平度盘读数配置为25°25′25″），其操作方法如下：

① 粗瞄被照准目标，水平制动，利用水平微动螺旋精确照准目标。

② 调整度盘换像手轮，使刻划线处于水平位置，此时读数窗口显示的是水平度盘影像。

③ 打开水平度盘反光镜，观察读数窗口，转动度盘测微轮，在测微器配置出不足10′的读数，即2′25″。

④ 打开度盘变位钮保护盖（或挂上档），旋转度盘变位钮，配置度盘读数，本例为25°20′。特别注意，此时应使对径分划线尽量精密接合。

⑤ 关闭度盘变位钮保护盖（或摘开档）。检查照准目标的准确性，通过旋转测微螺旋使度盘的对径分划线精密接合，然后进行读数（度盘读数+测微器读数）。

⑥ 对于光学经纬仪，要使配置的读数与预设值一秒不差几乎是不可能的。通常如相差在

10″之内就可以了，取实际值。

（4）水平度盘读数方法，首先调整度盘换像手轮，使读数窗口显示出水平度盘读数影像，读数视窗如图2-2所示。

① 读数窗口内对径分划线上、下对齐。
② 取窗口最上边的度数（74°）和中部窗口10′的注记（40′）。
③ 读取测微器上小于10′的数值（7′16″）。
④ 上述的度、分、秒相加，即水平度盘读数为（74°47′16″）

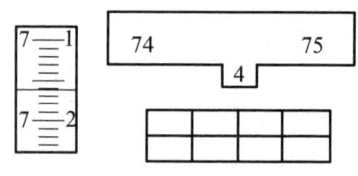

图2-2 DJ$_2$读数窗口

（5）竖直度盘读数方法。

调整度盘换像手轮，使刻划线处于竖直位置，此时读数窗口显示的为竖直度盘读数影像。数方法同水平角读数方法完全一致。

四、实训内容

（1）认识仪器整体结构以及各部件的名称、位置、功能，掌握各部件的使用方法。

（2）固定照准部制动螺旋，慢慢旋转水平微动螺旋，同时观察读数窗内刻划线的运动情况，然后旋转测微轮，观察测微器刻划线运行情况，验证重合读数法的读数原理。

（3）每人在2~4个不同度盘测微器位置上读数并作记录，同时描绘读数窗中的影像图（含度盘读数、测微器读数及度盘对径分划线），掌握对径重合读数方法。

（4）任意瞄准一目标，由组长配置水平度盘读数为0°00′30″±15″，然后组员分别通过测微器使对径分划线精密结合并读数，记录读数差值。

（5）选择有一定坡度的地点，进行经纬仪对中整平练习。

（6）每实训小组在实训场地选定一个测站点，另选两个目标点，每人独立进行对中、整平、瞄准、度盘的配置、水平度盘读数、竖直度盘的读数及观测数据的记录等工作。

五、技术要求

（1）对中误差小于2 mm。
（2）整平误差小于1格。

六、注意事项

（1）对中整平时，注意架腿和基座都能对中也都能整平，注意其使用的顺序和区别。

（2）换像手轮位置一定要正确，不能将水平角读数与竖直角弄错。
（3）读数时，先读度盘读数，再读测微器读数，两者相加即为正确读数。
（4）度盘对径分划一定要严格对齐才能读数，否则数据将不准确。
（5）配置度盘后，一定要重新读数，因为配置度盘一般较难精确到"秒"，所以配置度盘时一般要求其"秒"位在±10″内即可。

七、上交资料

每人编写实训报告编写提纲，其主要内容如下：
（1）实训项目名称、目的及时间、地点。
（2）所用经纬仪的名称及编号。
（3）脚螺旋对中和架腿对中有什么区别，都在什么情况下使用。
（4）简要叙述对径重合读数方法和配置度盘测微器初始读数方法。

实训项目二　测回法观测水平角和竖直角

一、实训目的

（1）掌握测回法观测水平角和竖直角的操作步骤。
（2）掌握测回法观测水平角和竖直角的记录方法。
（3）掌握测回法观测水平角和竖直角的计算方法。

二、实训仪器与工具

每实训小组的仪器：DJ_2型经纬仪1台，测钎2个，记录板1块，自备铅笔1根。

三、测回法水平角观测法

（1）在测站点安置经纬仪，对中、整平。
（2）盘左位置，瞄准左手方向的目标，读取水平度盘读数，记入观测手簿；然后松开照准部制动螺旋，顺时针转动照准部，瞄准右手目标，读取水平度盘读数，记入观测手簿。
（3）盘右位置，松开照准部和望远镜制动螺旋，纵转望远镜成盘右位置，瞄准原右手方向的目标，读取水平度盘读数，记入观测手簿；然后松开照准部制动螺旋，逆时针转动照准部，瞄准原左手方向的目标，读取水平度盘读数，记入观测手簿。
（4）计算公式。

视准轴误差　　　　$2c = L - R \pm 180°$

上半测回角值：　　$\alpha_左 = L_右 - L_左$

下半测回角值：　　$\alpha_右 = R_右 - R_左$

一测回角值：　　$\alpha = \dfrac{1}{2}(\alpha_左 + \alpha_右)$

四、测回法竖直角观测法

（1）在某指定点上安置经纬仪。

（2）以盘左位置使望远镜视线大致水平。竖盘指标所指读数约为 90°。

（3）将望远镜物镜端抬高，即当视准轴逐渐向上倾斜时，观察竖盘读数 L 相对 90° 是增加还是减少，借以确定竖直角和指标差的计算公式。

① 当望远镜物镜抬高时，如竖盘读数 L 相对 90° 逐渐减少，则竖直角计算公式如下：

$$\alpha_左 = 90° - L$$
$$\alpha_右 = R - 270°$$

竖直角　　$\alpha = \dfrac{1}{2}(\alpha_左 + \alpha_右) = \dfrac{1}{2}(R - L - 180°)$

竖盘指标差　　$X = \dfrac{1}{2}(\alpha_左 - \alpha_右) = -\dfrac{1}{2}(L + R - 360°)$

② 当望远镜物镜抬高时，如竖盘读数 L 相对 90° 逐渐增大，则竖直角计算公式如下：

$$\alpha_左 = L - 90°$$
$$\alpha_右 = 270° - R$$

竖直角　　$\alpha = \dfrac{1}{2}(\alpha_左 + \alpha_右) = \dfrac{1}{2}(L - R - 180°)$

竖盘指标差　　$X = \dfrac{1}{2}(\alpha_左 - \alpha_右) = \dfrac{1}{2}(L + R - 360°)$

（4）用测回法测定竖直角，其观测程序如下：

① 安置好经纬仪后，盘左位置照准目标，转动竖盘指标水准管微动螺旋，使水准管气泡居中（符合气泡影像符合）后，读取竖直度盘的读数 L。记录者将读数值 L 记入竖直角测量记录表中。

② 根据竖直角计算公式，在记录表中计算出盘左时的竖直角 $\alpha_左$。

③ 用盘右位置照准目标，转动竖盘指标水准管微动螺旋，使水准管气泡居中（符合气泡影像符合）后，读取其竖直度盘读数 R。记录者将读数值 R 记入竖直角测量记录表中。

④ 根据竖直角计算公式，在记录表中计算出盘右时的竖直角 $\alpha_右$。

⑤ 一测回竖直角值和指标差。

五、实训任务

（1）每实训小组在实训场地选定 4 个测站点，组成四边形，用测回法一测回观测出 4 个内角，要求每名学生最少测量一个角度。

（2）任意选定某一高处目标，每名学生采用测回法观测此点的竖直角，并进行相互的比较与核对。

六、技术要求

（1）水平角观测应满足：$2c$ 互差应小于 $18''$，各测回互差应小于 $12''$。
（2）四边形角度容许闭合差应小于 $10\sqrt{n}$，由于 $n=4$，故 $10\sqrt{n}=20''$。
（3）竖直角观测应满足：竖盘指标差互差应小于 $10''$，各测回互差应小于 $10''$。

七、注意事项

（1）每一测回的观测中间，如发现水准管气泡偏离，也不能重新整平。本测回观测完毕，下一测回开始前再重新整平仪器。
（2）在照准目标时，要用十字丝竖丝照准目标的明显地方，尽量照准目标下部，上半测回照准哪个部位，下半测回仍照准这个部位。
（3）直接读取的竖盘读数并非竖直角，竖直角通过计算才能获得。
（4）竖盘因其刻划注记和始读数的不同，计算竖直角的方法也就不同，要通过检测来确定正确的竖直角和指标差计算公式。
（5）盘左盘右照准目标时，要用十字丝横丝照准目标的同一位置。
（6）在竖盘读数前，务必要使竖盘指标水准管气泡居中。

八、上交资料

（1）上交实训报告。
（2）每名学生上交水平角观测记录。
（3）每名学生上交竖直角观测记录。

实训项目三　方向观测法观测水平角

一、实训目的

（1）掌握方向观测法的观测程序。
（2）掌握方向观测法测站的限差检核。
（3）掌握方向观测法重测的有关规定。
（4）掌握方向观测法记录的方法和有关要求。
（5）掌握方向观测法中各方向值的计算方法。

二、仪器与工具

每组借用 DJ$_2$ 型经纬仪 1 台（含脚架），测伞 1 把，记录板 1 块，自备铅笔，小刀，直尺等。

记录表格见本实训教程的附表。

三、方向观测法测量的相关要求

（1）观测与记录要严格遵守相应的操作规程和记录规定，对不合格的成果应返工重测。
（2）记录员向观测员回报后再做记录，记录表格中的计算内容应训练用"心算"完成。
（3）方向观测的限差要求见表 2-1。

表 2-1　水平角方向观测法的技术要求

等　　级	仪器型号	光学测微器两次重合读数之差/″	半测回归零差/″	一测回内 2c 互差/″	同一方向值各测回较差/″
四等及以上	1″级仪器	1	6	9	6
	2″级仪器	3	8	13	9
一级及以下	2″级仪器	—	12	18	12
	6″级仪器	—	18	—	24

四、实训内容与步骤

本实训项目就是要进行四等水平方向观测训练。水平方向观测一测回的操作步骤如下：

（1）先选择好远距离的边长均匀的四个方向，各方向的边长应满足《工程测量规范》要求，各方向竖直角尽量相等，并尽量接近于零；每人测 1~2 个合格测回，全组完成一套合格成果。

（2）安置仪器后，将仪器照准零方向，按表 2-2 配置各测回水平度盘和测微器初始位置。

表 2-2　水平方向观测（四等和I级）度盘和测微器初始位置表

测回序号 \ 测回数（等级）	6（四等）	2（I级）
1	00°00′50″	00°02′30″
2	30°12′30″	90°07′30″
3	60°24′10″	
4	90°35′50″	
5	120°47′30″	
6	150°59′10″	

（3）顺转照准部1~2周后精确照准零方向，进行水平度盘和测微器读数（一次照准两次重合读数）。

（4）顺转照准部，精确照准2方向，仍按上述方法读数。顺转照准部依次进行3、4…方向的观测，最后闭合至零方向，以上构成上半测回。

（5）倒镜，逆转照准部1~2周后精确照准零方向，按上法读数。

（6）逆转照准部按与上半测回相反的顺序观测n，$n-1$，…，3，2直至零方向。构成下半测回。

（7）上、下半测回构成一个测回。记录员应按"水平角方向观测法的技术要求"之要求进行测站限差检核。

（8）方向观测法记录及计算。

① 进行方向观测时，为了削弱读数误差的影响，对每一照准目标均对径重合度盘分划线两次读数。两次读数之差符合限差规定时，则取测微器两次读数的平均值。

② 半测回观测结束时，应检查归零差是否超过限差。零差即零方向的起始照准和闭合照准的读数之差。

③ 一测回观测结束后，计算各方向盘左、盘右的读数差，即$2c$值，并检核一测回中各方向的$2c$互差是否超限。若满足限差要求，则取各方向盘左、盘右读数的平均值作为该测回的方向观测值。

④ 由于零方向有起始照准和闭合照准的两个方向值，一般取其平均值作为零方向的方向观测值，将零方向的方向观测值归零为0°00′00.0″，其他各方向的方向观测值依次减去零方向的方向观测值即得归零后的各方向观测值。各测回归零后的同一方向观测值的互差称为测回互差，应小于规定的限差。

五、测站的技术要求

（1）仪器或反光镜的对中误差不应大于2 mm。

（2）水平角观测过程中，气泡中心位置偏离整置中心不宜超过1格。四等及以上等级的水平角观测，当观测方向的垂直角超过±3°的范围时，宜在测回间重新整置气泡位置。有垂直轴补偿器的仪器，可不受此款的限制。

（3）如受外界因素（如震动）的影响，仪器的补偿器无法正常工作或超出补偿器的补偿范围时，应停止观测。

（4）水平角观测误差超限时，应在原来度盘位置上重测，并应符合下列规定：

① 一测回内$2c$互差或同一方向值各测回较差超限时，应重测超限方向，并联测零方向。

② 下半测回归零差或零方向的2倍照准差变动范围超限时，应重测该测回。

③ 若一测回中重测方向数超过总方向数的1/3时，应重测该测回。当重测的测回数超过总测回数的1/3时，应重测该站。

六、注意事项

（1）全站仪、电子经纬仪水平角观测时不受光学测微器两次重合读数之差指标的限制。

（2）当观测方向的垂直角超过±3°的范围时，该方向2c互差可按相邻测回同方向进行比较，其值应满足表中一测回内2c互差的限值。

（3）观测的方向数不多于3个时，可不归零。

（4）水平角的观测值应取各测回的平均数作为测站成果。

（5）观测的方向数多于6个时，可进行分组观测。分组观测应包括两个共同方向（其中一个为共同零方向）。其两组观测角之差，不应大于同等级测角中误差的2倍。分组观测的最后结果，应按等权分组观测进行测站平差。

（6）三、四等导线的水平角观测，当测站只有两个方向时，应在观测总测回中以奇数测回的度盘位置观测导线前进方向的左角，以偶数测回的度盘位置观测导线前进方向的右角。左右角的测回数为总测回数的一半。但在观测右角时，应以左角起始方向为准变换度盘位置，也可用起始方向的度盘位置加上左角的概值在前进方向配置度盘。

（7）所有原始观测数据和记事项目，必须做到记录真实，注记明确，格式统一，书写端正，字迹清楚整齐，整饰清洁美观，手簿中记录的任何数据不得有涂改、擦改、转抄现象。

七、上交资料

（1）每组上交观测成果记录表。

（2）每组上交方向观测法计算表。

实训项目四　经纬仪视准轴误差和垂轴误差的测定方法

一、实训目的

（1）掌握读数法和四分之一法测定经纬仪视准轴误差的方法。

（2）掌握高低点法测定经纬仪视准轴误差和垂轴误差的方法。

（3）对检验结果进行整理计算。

二、仪器及工具

每组借用DJ_2型经纬仪1台（含脚架），测伞1把，记录板1块。自备铅笔、小刀、直尺、少许胶水（或两面胶）。

三、视准轴误差的测定方法

1．读数法检验视准轴误差

检验时，选择与仪器大致相同高度的目标，整平仪器后，使望远镜大致水平；首先在盘左位置瞄准一目标，读得水平度盘读数 M_1，由于 c 值的存在，在盘左位置将使读数 M_1 多读了一个 c 值；然后倒转望远镜，以盘右位置瞄准原目标，读得水平度盘读数 M_2，由于 c 值的存在，在盘右位置将使读数 M_2 少读了一个 c 值。通过以下公式，可计算出视准轴误差：
$2c = M_1 - M_2 \pm 180°$

此方法要求照准目标高度与仪器高度大致相等，如果仪器同目标不等高，经纬仪视线处于倾斜状态时，按此方法求出的 c 值既包含视准轴与横轴不正交对水平角产生的误差（视准轴误差），也包含横轴不水平对水平角的影响（横轴误差）。此外，这种方法由于在度盘上读数，必然会受到度盘偏心误差的影响。

2．四分之一法检验视准轴误差

在平坦地区选择相距约 60 m 的 A、B 两点，在中点 O 安置经纬仪，A 点设一标志，在 B 点横置一根刻有毫米分划的直尺，尺子与 OB 垂直，且 A 点标志、B 尺和仪器的横轴大致同高。检验方法如下：

（1）先用盘左位置瞄准 A 点，固定照准部。
（2）纵转望远镜，如图 2.3 所示，望远镜视准轴绕 HH_1 旋转，则在 B 尺上照准处为 B_1 点。
（3）用盘右位置瞄准 A 点，固定照准部。
（4）纵转望远镜，如图 2.4 所示，望远镜视准轴绕 HH_1 旋转，则在 B 尺上照准处为 B_2 点。
（5）在 B 尺上读出 B_1、B_2 两点的距离，记为 N。
（6）计算 c 值：$c = \dfrac{1}{2}\arctan\dfrac{N}{2D}$。

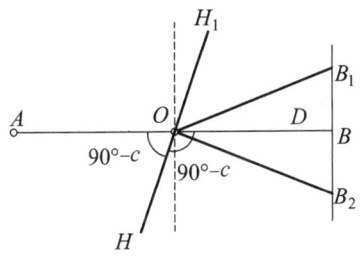

图 2-3　倒镜盘左观测

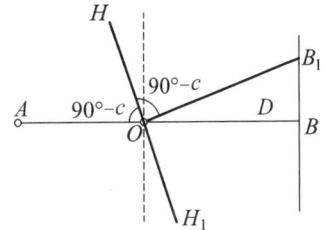

图 2-4　倒镜盘右观测

3．高低点法检验视准轴误差

测定时，在距仪器 5 m 以外的地方设置高、低两个目标，两点应大致在同一铅垂线上，用仪器观测两点的垂直角的绝对值应不小于 3°，其绝对值应大致相等，其差不得超过 30″（设置目标时可用仪器指挥）。

（1）观测高低两点的水平角 6 个测回，每测回均匀变换水平度盘和测微器位置。$2c$ 变化按高、低点方向分别比较，对 DJ_{07}、DJ_1 型仪器不得超过 6″；对 DJ_2 型仪器，不得超过 10″；各测回角度值互差，DJ_{07}、DJ_1 型仪器应小于 3″，DJ_2 型仪器应小于 8″。

（2）观测高、低点的垂直角 $\alpha_{高}$ 和 $\alpha_{低}$，用中丝法测 3 个测回。垂直角和指标差互差均不超过 10″。

(3）计算水平轴倾斜误差：令 c 为视准轴误差，i 为横轴误差，依据视准轴误差和横轴误差对水平角观测的影响规律，有如下的观测方程式：

$$\begin{cases} (L-R)_{高} = \dfrac{2c}{\cos\alpha_{高}} + 2i\tan\alpha_{高} \\ (L-R)_{低} = \dfrac{2c}{\cos\alpha_{低}} + 2i\tan\alpha_{低} \end{cases}$$

考虑到所设高、低点 $|\alpha_{高}| = |\alpha_{低}| = \alpha$，由两式相加和相减分别可得

$$\begin{cases} c = \dfrac{1}{4}[(L-R)_{高} + (L-R)_{低}]\cos\alpha \\ i = \dfrac{1}{4}[(L-R)_{高} - (L-R)_{低}]\cot\alpha \end{cases}$$

当高、低点观测 m 个测回时有

$$\begin{cases} c = \dfrac{1}{4m}\left[\sum_{1}^{m}(L-R)_{高} + \sum_{1}^{m}(L-R)_{低}\right]\cos\alpha \\ i = \dfrac{1}{4m}\left[\sum_{1}^{m}(L-R)_{高} - \sum_{1}^{m}(L-R)_{低}\right]\cot\alpha \end{cases}$$

四、注意事项

（1）设置高低点目标时，要使高低两点尽可能在同一铅垂线上。

（2）观测时，要按规范要求配置水平度盘。

（3）安置仪器时，注意仪器的高度和仪器同目标点的距离。

（4）准备好几个检验用的照准标志，即在一张小白纸上画一个"＋"字交叉线为一个目标。注意：十字线要划清晰、垂直，线段不应画太长。

（5）此项测定之前应明确原理、操作次序、方法及各项限差的意义和标准。

（6）所得的水平角和竖角各项限差均应满足限差规定，否则应重测。

（7）晴天应撑伞或选择在阴凉处进行。

五、上交资料

（1）每组上交外业观测记录。

（2）每名学生上交实训报告。

实训项目五　全站仪的认识与测角测距

一、实训目的

（1）正确安置仪器和反射棱镜，并正确测量其高度。
（2）明确各旋钮及键盘功能，掌握各旋钮的使用方法。
（3）掌握全站仪棱镜常数和气象参数的设置方法。
（4）熟练进行斜距、平距、高差、水平角及竖直角测量。
（5）掌握全站仪常规设置的内容和方法（水平角观测的左右角设置、竖直角的显示单位设置、距离的粗测与精测设置等）。

二、仪器与工具

每组领取全站仪1台，架腿1个，单棱镜1个，对中杆1个。自备仪器说明书、记录纸及签字笔等。

三、实训内容与步骤

（1）正确安置全站仪与反射棱镜，并测量仪器高和棱镜高。
（2）熟悉全站仪的各种旋钮、制微动机构等功能，按仪器说明书进行键盘操作练习，熟记各按键功能。
（3）对全站仪进行基本设置，仪器型号不同，设置内容也会各异。明确哪些设置内容会直接影响到角度测量与距离测量，如角度单位、距离单位、温度气压改正、棱镜常数设置、角度显示形式等。
（4）进行水平角、竖直角（天顶距）、水平距离、斜距等观测练习。
（5）进行高差测量练习，并判断显示的高差（VD）是目标棱镜与全站仪中心之间的高差，还是测点与测站之间的高差。
（6）进行水平度盘配置练习，明确度分秒的输入方法。
（7）进行测回法水平角、竖直角及距离观测练习，掌握各观测量测回法观测的步骤。

四、技术要求

（1）仪器的对中偏差不大于2 mm。
（2）仪器高和棱镜高分别量取两次，其较差不大于2 mm。
（3）角度测量中，水平角半测回互差不大于18″，测回间互差不大于12″。
（4）测回法观测竖直角，其指标差不大于10″。

（5）距离测量中，测回内距离互差不大于 10 mm，测回间距离互差不大于 15 mm。
（6）测水平角时，全站仪竖丝应瞄准站牌的纵向标记。
（7）测竖直角时，全站仪横丝应瞄准站牌的横向标记。

五、注意事项

（1）实训前应认真阅读仪器的操作说明书，明确本次实训的目的及要求。
（2）全站仪属贵重测量仪器，操作时应倍加爱护，注意仪器各旋钮的旋转力度，确保仪器的安全。
（3）棱镜及全站仪透镜等光学部件，不得用手接触或用毛巾、纸巾等物擦拭，必要时应送回实验室由专门人员进行擦拭。
（4）决不可把物镜对向太阳，以免烧毁电子元器件。
（5）切忌！任何时候仪器和棱镜都需有人看护。
（6）禁止在仪器开机状态下再取下电池盒，否则仪器容易损坏。
（7）实习结束后，将全站仪的制动旋钮松开后再装箱。

六、上交资料

（1）每小组上交一份全站仪角度、距离、高差观测的记录表。
（2）每名学生上交一份实习报告。

实训项目六　Ⅰ级导线测量的外业数据采集

此实训项目宜在校园内进行，若边长无法满足《工程测量规范》要求，可适当将其缩短，基本不会影响实训效果。

一、实训目的

（1）掌握正确导线测量安置全站仪和棱镜的方法，会正确量高。
（2）明确导线测量的意义与作用，熟练掌握Ⅰ级导线测量的外业工作，主要包括：水平方向测量与距离测量的观测方法以及测站观测数据的记录、计算与限差检核。
（3）借助Ⅰ级导线测量的训练，通过拓展，可以掌握从事更高等级导线测量的观测技能与记录计算方法。

二、仪器与工具

每组借用 2″级全站仪 1 台（含脚架和电池），带觇板的反光棱镜（含脚架）2 套，记录板 1 块。自备 2H 铅笔、小刀、直尺。

三、观测的有关要求

（1）熟悉所用仪器的特性和操作方法，明确方向观测和距离观测的要点与技术要求，掌握观测方法和记录计算方法。
（2）结合实训场地状况，每小组合作完成一条至少有 3 个未知点的附和导线的观测与记录计算工作，得到导线的所有观测角和边长。
（3）技术要求：I 级导线测量的技术要求，见表 2-3、2-4。

表 2-3 导线水平角方向观测法的技术要求

等级	光学测微器两次重合读数之差/″	半测回归零差/″	一测回 2c 较差/″	同一方向值各测回较差/″
一级及以下	—	12	18	12

表 2-4 导线测距的主要技术要求

| 平面控制网等级 | 仪器精度等级 | 每边测回数 | | 一测回读数较差/mm | 单程各测回较差/mm | 往返测距较差/mm |
		往	返			
一级	10 mm 级	2	—	≤10	≤15	—

注："测距一测回"的含义是照准一次读数 2~4 次。

（4）对不合格的成果需返工重测，直到合格。
（5）记录员应向观测员回报后再做记录，并严格遵守记录规则。
（6）各小组要充分发扬团结协作精神，在组长的带领下，既要完成实训任务，又要让所有组员得到观测及记录的机会。

四、实训内容与步骤

（1）结合场地情况，在给定的已知点间布设 3~4 个导线点，构成一条 I 级导线路线。
（2）在每个导线点上用全站仪分别进行方向观测二测回；单方向距离观测二测回；双向竖直角观测，每方向二测回。若距离观测值为斜距，应将其改正为平距。
（3）每测站限差检核合格后即可迁站，直至把所有测站测完，得到合格的观测数据。
（4）编制已知数据表和观测数据表及导线略图，为导线的平差计算做准备。

五、注意事项

（1）对不合格的成果，返工重测，直至合格。

（2）记录员应向观测员回报后再做记录，并严格遵守记录规则。
（3）测定距离时，如果棱镜后方有反射物，则可以用黑布遮挡在棱镜的后面。

六、上交资料

（1）每组上交合格的外业测量手簿。
（2）每组上交导线计算略图、已知数据表和观测数据表。

实训项目七　导线测量外业观测数据的化算

一、实训目的

（1）明确导线测量概算、验算的意义和目的，进一步掌握相关的理论知识。
（2）掌握将地面的方向观测值归算至高斯平面的计算方法。
（3）掌握将地面的距离观测值归算至高斯平面的计算方法。

二、理论知识基础

1．将地面观测的水平方向归算至椭球面

对水平方向而言，将地面观测的水平方向归算至椭球面需要经过三项改正，即垂线偏差改正、标高差改正和截面差改正，简称"三差改正"。在一般情况下，一等三角测量应加三差改正；二等三角测量应加垂线偏差改正和标高差改正，而不加截面差改正；三等和四等三角测量可不加三差改正。

2．将椭球面方向归算至高斯平面

由于高斯投影是正形投影，椭球面上大地线间的夹角与它们在高斯平面上的投影曲线之间的夹角相等。为了在平面上利用平面三角学公式进行计算，须把大地线的投影曲线用其弦线来代替。若将椭球面上的大地线 AB 方向改化为平面上的弦线 ab 方向，其相差一个角值 δ_{ab}，即称为方向改化值。当大地线长度不大于 10 km，y 坐标不大于 100 km 时，二者之差不大于 $0.05''$，因而可近似认为 $\delta_{ab} = \delta_{ba}$。满足此条件时，有如下适用于三、四等三角测量的方向改正的计算公式：

$$\left.\begin{array}{c}\delta_{ab} = \dfrac{\rho''}{2R^2} y_m (x_a - x_b) \\ \delta_{ba} = -\dfrac{\rho''}{2R^2} y_m (x_a - x_b)\end{array}\right\}$$

式中，$y_m = \frac{1}{2}(y_a + y_b)$，为 a、b 两点的 y 坐标的自然的平均值。

如果是一级导线，一般不进行此项改正。

3．将地面观测的长度归算至椭球面

（1）斜距归算至平距。

如图 2-5 所示，设野外测定的斜距为 S，它是在测站 A 和棱镜站 B 不等高的情况下得到的。将 S 化至平距时，首先要选取所在高程面，高程面不同，平距值亦不同。这里讨论将 S 化至 A、B 平均高程面上的平距 D_P，这对于以后的换算和往、返测观测的较差检核，都是便利的。

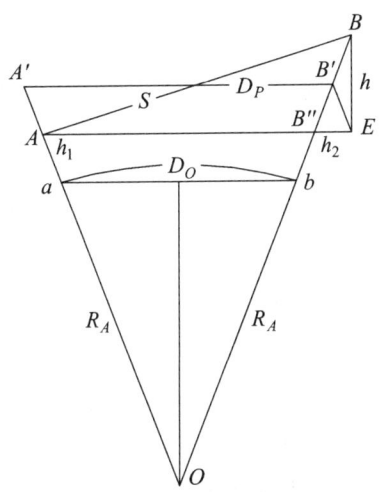

图 2-5 测距成果的归算

在控制测量中，距离 S 通常不超过 10 km，水平距离计算可按下式进行：

$$D_P = \sqrt{S^2 - h^2}$$

式中　D_P——测距两端点 A、B 的平均高程面的水平距，m；

　　　S——经气象及加、乘常数等改正后的斜距，m；

　　　h——仪器与反光镜之间的高差，m；

　　　R_A——参考椭球体在测距边方向法截弧的曲率半径，m。

（2）平距归算至测区平均高程面。

有时候需要将测区内所有的观测平距对算到测区平均高程面上，此时应按下式计算：

$$D_H = D_P \left(1 + \frac{H_P - H_m}{R_A + H_m + h_m}\right)$$

式中　D_H——测区平均高程面上的测距边长度，m；

　　　H_P——测区的平均高程，m；

　　　H_m——测距两端的平均高程，m；

　　　h_m——测区大地水准面高出参考椭球面的高差，m。

（3）平距归算至参考椭球面。

归算到参考椭球面上的测距边长度，按下式计算：

$$D_0 = D_P \left(1 - \frac{H_m + h_m}{R_A + H_m + h_m}\right)$$

式中　D_0——归算到参考椭球面上的测距边长度，m。

（4）弦长换算成弧长。

电磁波测距边长归算椭球面上的计算公式如下所示，此项改正数值较小（当边长为10 km时仅为1 mm），此项改正通常可以忽略。

$$S = D + \frac{D^3}{24R_A^2}$$

4．将椭球面上的距离归算至高斯平面

将地面上的观测斜距归算至椭球面上，变成两点间的大地线长度，实际上还要继续将其投影至高斯平面上。椭球面上的测距边化算到高斯投影面上的长度，按下式计算：

$$D_g = D_0 \left(1 + \frac{y_m^2}{2R_m^2} + \frac{\Delta y^2}{24R_m^2}\right)$$

式中　D_g——测距边在高斯投影面上的长度，m；

　　　y_m——测距边两端点横坐标自然值的平均值，m；

　　　R_m——测距边中点的平均曲率半径，m；

　　　Δy——测距边两端点近似横坐标的增量，m。

三、实训内容一

对表2-5中斜距按下列要求进行化算：
（1）依据三角高程计算公式、计算每一站的高差及高程。
（2）依据计算出的高差，将斜距化算到测距边的平均高程面上。
（3）假定大地水准面差距是零，将步骤（2）计算的距离化算到参考椭球面上。

表2-5　导线观测记录

测站点	距离/m	垂直角/°	仪器高/m	站标高/m	高程/m
A	1 474.444 0	1.044 0	1.30		96.062
2	1 424.717 0	3.252 1	1.30	1.34	
3	1 749.322 0	−0.380 8	1.35	1.35	
4	1 950.412 0	−2.453 7	1.45	1.50	
B				1.52	96.305

四、实训内容二

根据表 2-6 中的坐标数据（高斯平面坐标），按下列要求计算出 D_{12}、D_{23} 和 D_{34} 投影到椭球面上的距离。

（1）根据坐标，反算出两点的水平距离。

（2）计算出测距边两端点横坐标自然值的平均值，依据高斯投影变形公式，计算出高斯投影变形的改正值。

（3）第（1）步计算的距离减去第（2）步计算出的改正数值，即得到待求边投影到参考椭球面上的距离。

表 2-6　导线已知数据表

点　名	X/m	Y/m
1	4 535 082.262	565 138.645
2	4 534 794.120	567 117.820
3	4 539 728.280	564 871.860
4	4 541 816.391	563 497.163

五、注意事项

（1）三角高程的计算公式采用测量学中介绍过的公式，暂不考虑球气差的影响。

（2）距离化算到某一高程面时，地球曲率半径可取 6 371 km。

（3）掌握高斯投影的变形规律，要注意改正值的正负号。

（4）目前导线测量，一般最高等级为四等，此时观测的水平方向需要进行方向改化；如果是一级以下的导线，则观测的水平方向不需要进行换算。

六、上交资料

（1）每名学生上交计算成果。

（2）每名学生上交实训报告。

实训项目八　闭合导线及附合导线的简易平差计算

一、实训目的

（1）掌握坐标正反算的知识。

（2）掌握导线计算的步骤。

（3）理解附合导线和闭合导线计算方法的区别和联系。

二、闭合导线计算步骤

（1）根据测量的角度及计算出的多边形内角和的理论值，计算出角度闭合差。

（2）对角度闭合差平均分配，对每个测定的角度进行改正（注意角度改正是反号分配）。

（3）根据已知点计算出起始方向的坐标方位角，然后依据测定的连接角和多边形内角计算出每条边的坐标方位角。

（4）依据计算出的坐标方位角和测定的边长计算出每条边的坐标增量，近而计算出坐标增量闭合差。

（5）对坐标增值闭合差按距离成正比，分配到每条边的坐标增量，得到改正后的坐标增量。

（6）依据改正后的坐标增量，计算出每个点的坐标。

三、附合导线计算步骤

（1）反算出起始边的坐标方位角，然后根据测定的角度推算出终止边的坐标方位角，最后再计算出角度闭合差。

（2）对角度闭合差平均分配，对每个测定的角度进行改正（注意角度改正的原则是：左角反号分配，右角同号分配）。

（3）根据已知点计算出起始方向的坐标方位角，然后依据测定的夹角推算出每条边的坐标方位角。

（4）余下的步骤同上述闭合导线中的（4）、（5）、（6）步骤一样。

四、实训内容

（1）计算如图 2-6 所示的附合导线。

（2）计算如图 2-7 所示的闭合导线。

五、上交资料

（1）未作概算的导线平差坐标、点位中误差。

（2）只作水平方向概算的导线平差坐标、点位中误差。

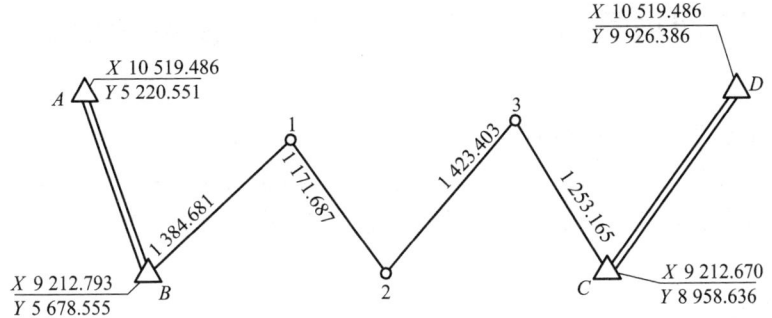

图 2-6　附合导线

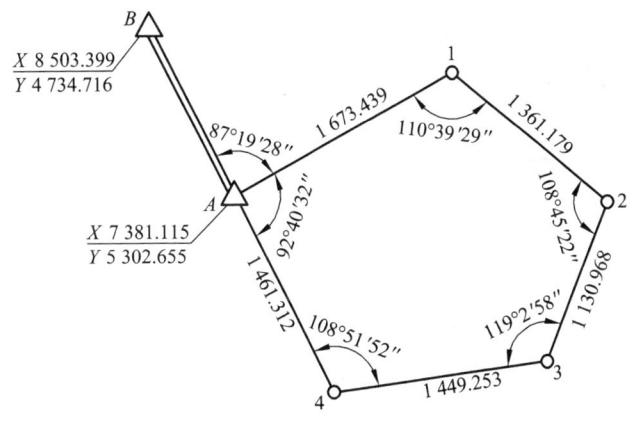

图 2-7　闭合导线

（3）只做边长概算的导线平差坐标、点位中误差。
（4）经边长和观测方向概算的导线平差坐标、点位中误差。
（5）平差计算情况总结。

六、注意事项

（1）注意闭合导线和附合导线角度闭合差计算的方法不同。
（2）附合导线为计算方便，可以在右角前加上负号变成左角。
（3）如果计算限差超出规范要求，则应分析原因，整条导线重测或重测导线的某一部分。

七、上交资料

（1）每名学生上交导线计算的成果。
（2）每名学生上交实训报告。

实训项目九　无定向导线的简易平差计算

无定向导线是没有方向检核的导线，即从一条已知边出发而闭合到一个已知点上，但有时在导线的一端只有一个已知点，没有定向点，另一端也可能是一个点。这种导线就不能用常规的计算方法来推算坐标，因为起算时没有定向点，所以称为无定向导线。

一、实训目的

（1）掌握无定向导线的特点。
（2）掌握无定向导线计算的步骤。
（3）理解无定向导线计算的原理。

二、无定向导线计算步骤

（1）假定起始边 $A1$ 的坐标方位角。
（2）根据起始边方位角，推算出各边的坐标方位角及坐标增量。
（3）推算出 A 点的假定坐标，记作 B'。
（4）分别计算出 AB 及 AB' 的方位角，进而计算出 $\angle BAB'$。
（5）依据计算出的 $\angle BAB'$，对假定的起始边 $A1$ 方位角进行改正。
（6）计算每条边改正后的方位角及坐标增量，最后计算出坐标增量闭合差。
（7）调整坐标增量闭合差，按距离成正比对每个坐标增量进行分配。
（8）计算出每个导线点的坐标。

三、实训内容

计算如图 2-8 所示的无定向导线。

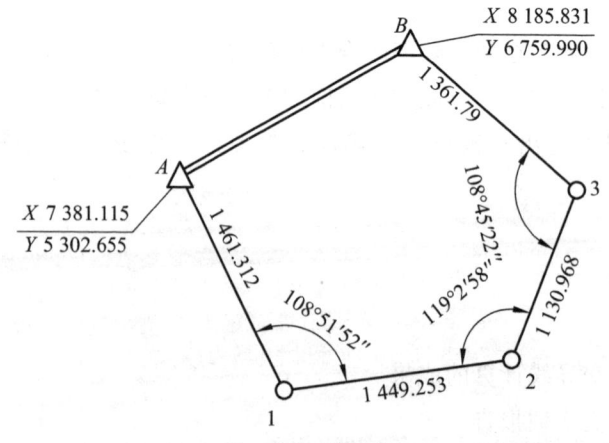

图 2-8　无定向导线

四、注意事项

（1）为计算方便，通常假定起始边的方位角是0°。
（2）改正起始边的方位角，要注意改正值的正负号。
（3）无定向导线，由于没有角度检核条件，故没有角度闭合差。
（4）注意闭合导线和附合导线角度闭合差计算的不同。
（5）附合计算为方便，可以在右角前加上负号变成左角。
（6）如果计算的限差超出规范要求，则应分析原因，整条导线重测，或重测某一部分。

五、上交资料

每名学生上交无定向导线计算的成果。

实训项目十 导线的严密平差计算

一、实训目的

通过导线严密平差项目的训练，使学生学会平差易软件（PA2005）的功能及应用，其界面如图 2-9 所示，主要包括：软件功能、平差计算步骤、平差结果分析等，并对前一个实训项目的概算结果进行验证。通过实例，计算出概算项目对导线平差结果的影响程度。

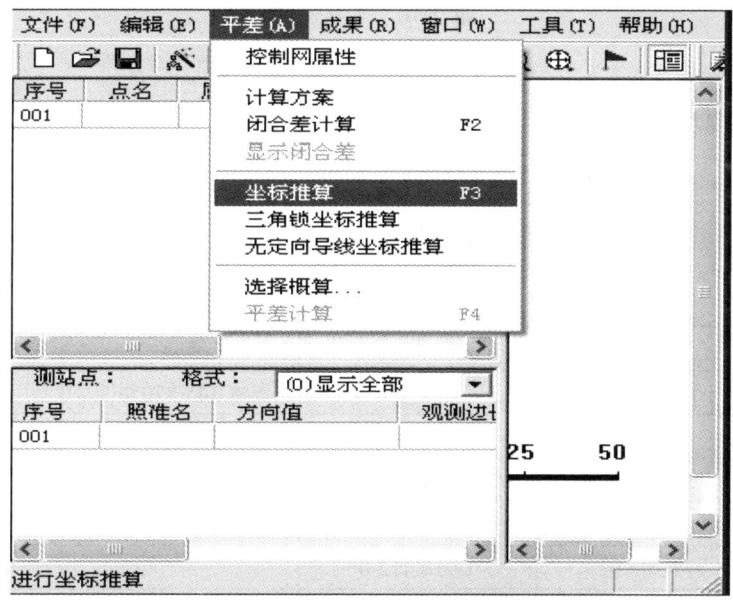

图 2-9 PA2005 软件界面

二、平差易做控制网平差的过程

第一步：控制网数据录入；
第二步：坐标推算；
第三步：坐标概算；
第四步：选择计算方案；
第五步：闭合差计算与检核；
第六步：平差计算；
第七步：平差报告的生成和输出。
平差易作业流程如图 2-10 所示。

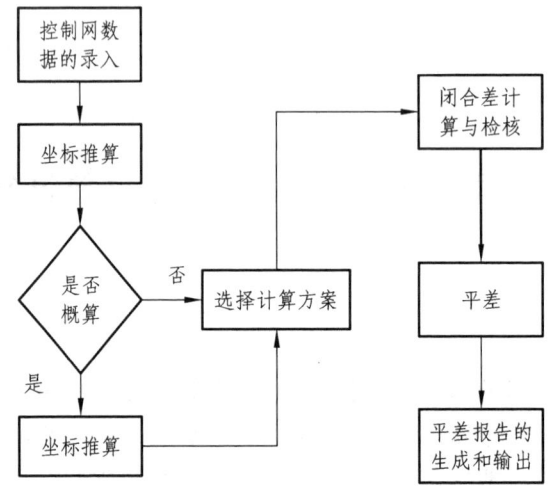

图 2-10 平差流程

三、实训内容

用 PA2005 对表 2-7 所示导线进行平差计算。这是一条符合导线的测量数据和简图，A、B、C 和 D 是已知坐标点，2、3 和 4 是待测的控制点，见图 2-11。

表 2-7 导线原始测量数据

测站点	角度/°	距离/m	X/m	Y/m
B			8 345.870 9	5 216.602 1
A	85.302 11	1 474.444 0	7 396.252 0	5 530.009 0
2	254.323 22	1 424.717 0		
3	131.043 33	1 749.322 0		
4	272.202 02	1 950.412 0		
C	244.183 00		4 817.605 0	9 341.482 0
D			4 467.524 3	8 404.762 4

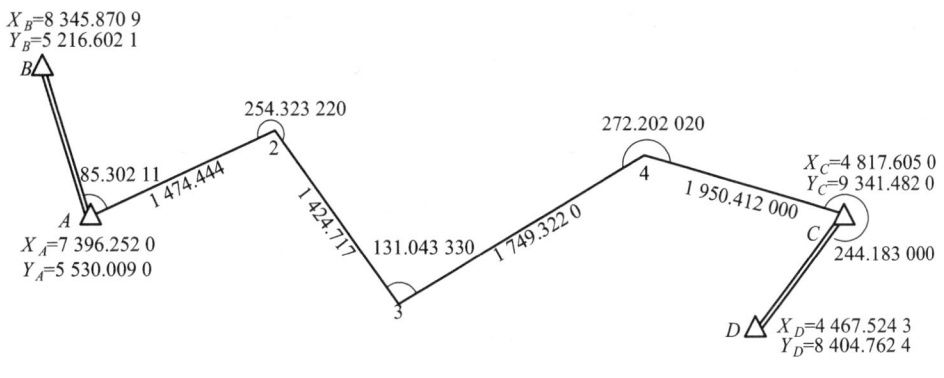

图 2-11　导线

四、数据录入的方法

（1）在平差易软件中输入以上数据，如图 2-12 所示。

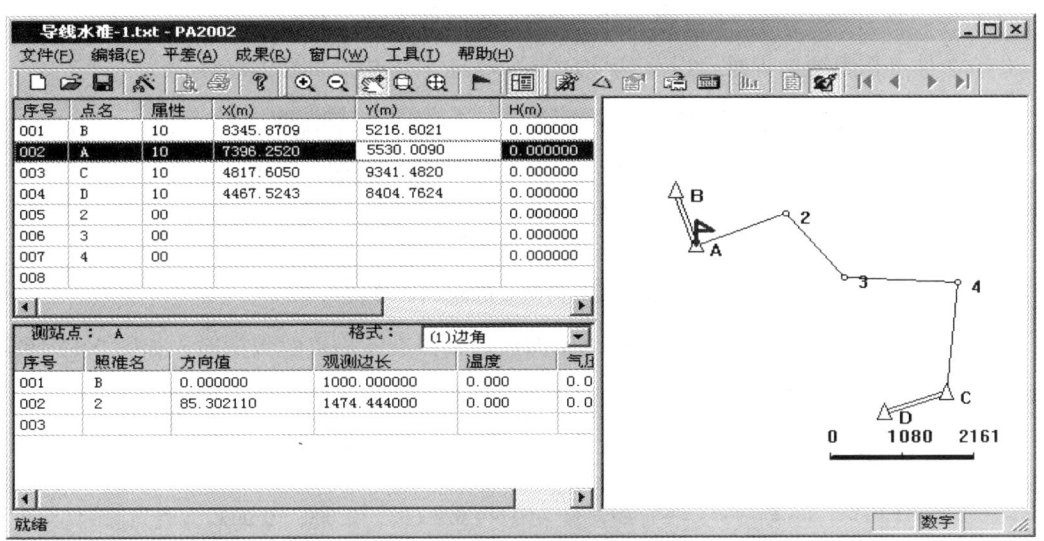

图 2-12　导线数据输入

在测站信息区中输入 A、B、C、D、2、3 和 4 号测站点，其中 A、B、C、D 为已知坐标点，其属性为 10，其坐标如"原始数据表"；2、3、4 点为待测点，其属性为 00，其他信息为空。如果要考虑温度、气压对边长的影响，就需要在观测信息区中输入每条边的实际温度、气压值，然后通过概算来进行改正。

（2）根据控制网的类型选择数据输入格式，此控制网为边角网，选择边角格式，如图 2-13 所示。

图 2-13　选择格式

（3）在观测信息区中输入每一个测站点的观测信息，为了节省空间，只截取观测信息的

29

部分表格示意图，如下：B、D 作为定向点，它没有设站，所以无观测信息，但在测站信息区中必须输入它们的坐标。以 A 为测站点，B 为定向点时（定向点的方向值必须为零），照准 2 号点的数据输入如图 2-14 所示。

测站点：	A		格式：	(1)边角	
序号	照准名	方向值	观测边长	温度	气压
001	B	0.000000	1000.000000	0.000	0.000
002	2	85.302110	1474.444000	0.000	0.000

图 2-14　测站 A 的观测信息

（4）以 C 为测站点，以 4 号点为定向点时，照准 D 点的数据输入如图 2-15 所示。

测站点：	C		格式：	(1)边角	
序号	照准名	方向值	观测边长	温度	气压
001	4	0.000000	0.000000	0.000	0.000
002	D	244.183000	1000.000000	0.000	0.000

图 2-15　测站 C 的观测信息

（5）2 号点作为测站点时，以 A 为定向点，照准 3 号点，如图 2-16 所示。

测站点：	2		格式：	(1)边角	
序号	照准名	方向值	观测边长	温度	气压
001	A	0.000000	0.000000	0.000	0.000
002	3	254.323220	1424.717000	0.000	0.000

图 2-16　测站 2 的观测信息

（6）以 3 号点为测站点，以 2 号点为定向点时，照准 4 号点的数据输入如图 2-17 所示。

测站点：	3		格式：	(1)边角	
序号	照准名	方向值	观测边长	温度	气压
001	2	0.000000	0.000000	0.000	0.000
002	4	131.043330	1749.322000	0.000	0.000

图 2-17　测站 3 的观测信息

（7）以 4 号点为测站点，以 3 号点为定向点时，照准 C 点的数据输入如图 2-18 所示。

测站点：	4		格式：	(1)边角	
序号	照准名	方向值	观测边长	温度	气压
001	3	0.000000	0.000000	0.000	0.000
002	C	272.202020	1950.412000	0.000	0.000

图 2-18　测站 4 的观测信息

五、平差计算

参照图 2-10 所示的平差流程图对导线进行平差计算。

六、注意事项

（1）注意正确输入每个点的属性。
（2）边长一般选取后视或前视输入，如果都输入则必须输成一样的格式。
（3）注意角度的输入方法：沿起始方向顺时针旋转到目标方向所形成的角度。
（4）注意所有测站点的观测数据必须输入完整。
（5）输入的观测边长要求是水平距离；如果测定的是斜距，则需要将其化算成水平距离后再输入。
（6）如果是无定向导线平差计算，如图2-9所示，则在执行"坐标推算"之后，应在执行"无定向导线坐标推算"。

七、上交资料

（1）未作概算的导线平差坐标、点位中误差。
（2）只作水平方向概算的导线平差坐标、点位中误差。
（3）只做边长概算的导线平差坐标、点位中误差。
（4）经边长和观测方向概算的导线平差坐标、点位中误差。
（5）平差计算情况总结。

实训项目十一　　导线单角错误的检查方法

一、实训目的

（1）掌握导线单角错误的图形特征。
（2）掌握导线单角错误的检查原理。
（3）掌握导线单角错误检查的两种方法。

二、导线单角错误的检验方法

1．检验方法一

在图2-19中，设附合导线的第4点上的转折角的错误，使角度闭合差超限。如果分别从导线两端推算各点坐标，则到测错角度的第4点为止推算的坐标方位角仍然是正确的。所以第4点坐标是正确的，而经过第4点的转折角以后，导线边的坐标方位角开始向错误方向偏转，而且会越来越大。

因此，一个转折角测错的查找方法之一为：分别从导线两端的已知点坐标方位角出发，按支导线计算导线各点的坐标，得到两套坐标。如果某一个导线点的两套坐标值非常接近，则该点的转折角最有可能测错。

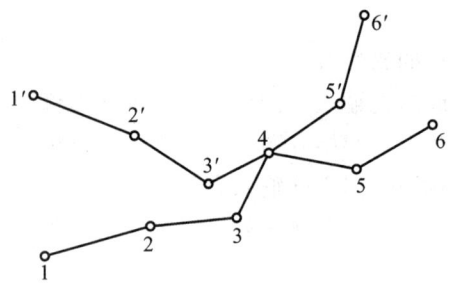

图 2-19 导线检查的方法一

2．检验方法二

在图 2-20 中，设附合导线的 2 点上的转折角错误，使角度闭合差超限。如果从导线左端推算出各点坐标（包括已知点 C、D 点的坐标），则通过 CC' 两点做垂直平分线；由于 2、C 两点的距离和 2、C' 两点的距离相等，所以通过 CC' 两点的垂直平分线通过 2 点。

因此，一个转折角测错的查找方法之二为：从一端的已知点坐标方位角出发，按支导线计算导线各点的坐标及已知点坐标，如果导线某点到给定的已知点坐标的距离同到推算出的已知点坐标的距离相等，则该点的角度有可能测错。

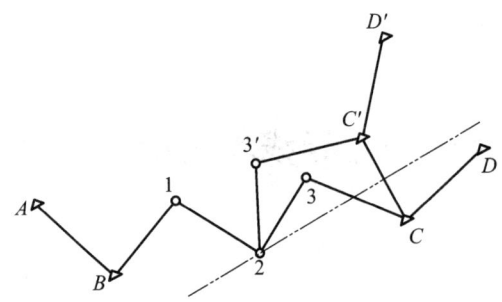

图 2-20 导线检查方法二

三、实训内容

下列符合导线中，有一个角错误，请检查出来。其方法可以采用 CAD 图解的方式或手工按支导线的计算方法，见图 2-21 和表 2-8。

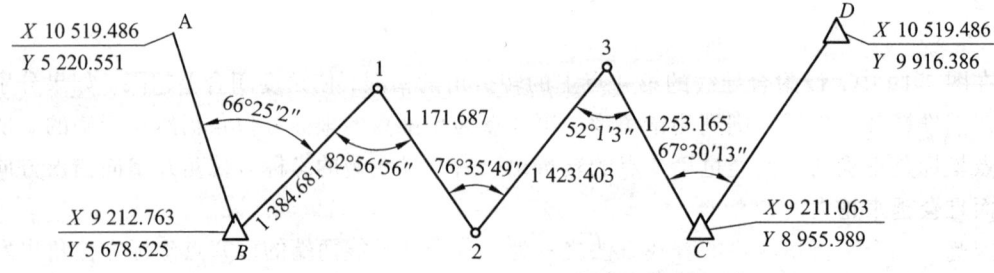

图 2-21 导线单角错误

表 2-8 导线原始测量数据

测站点	角度/°	距离/m	X/m	Y/m
A			10 519.486	5 220.551
B	66.250 2	1 384.681	9 212.763	5 678.525
1	82.565 6	1 171.687		
2	76.354 9	1 423.403		
3	52.010 3	1 253.165		
C	67.301 3		10 519.486	9 916.386
D			9 211.063	8 955.989

四、注意事项

（1）CAD 法绘制导线时，应注意 CAD 坐标系同测量坐标系不一致。
（2）绘制导线，注意角度的输入方法。
（3）边长可采用直接输入距离法输入或采用拉长工具进行编辑。

五、上交资料

（1）每名学生上交图解法的 CAD 图形。
（2）每名学生上交实训报告。

实训项目十二　导线单边错误的检查方法

一、实训目的

（1）掌握导线单边错误的图形特征。
（2）掌握导线单边错误的检查原理。
（3）掌握导线单边错误检查的两种方法。

二、导线单角边错误的检验方法

1．检验方法一

如图 2-22 所示，当角度闭合差在允许范围以内而坐标增量闭合差超限时，说明边长测量有错误。在下列导线中，边 23 发生错误，当从左向右作支导线进行推算时，由于 23 的边长

出现 ΔS 错误，导致点 3 往后的各导线点均沿着错误边的方位相应偏移 ΔS，得出一组坐标的点位。当从右向左作支导线进行概算时，点 2 往前的各导线点也均沿着错误边的方位的相反方向相应偏移了 ΔS，得出另一组坐标点位。这样，用线把同名的点位连起来，形成了若干个平行四边形，其中的面积接近于零者，最有可能就是错误边所在。

因此，一条边测错的图解查找方法之一为：分别从导线两端的已知点坐标方位角出发，用图解的方法绘制出按支导线，得到两条支导线。如果两套支导线中有某条边重回，则该条边最有可能测错。

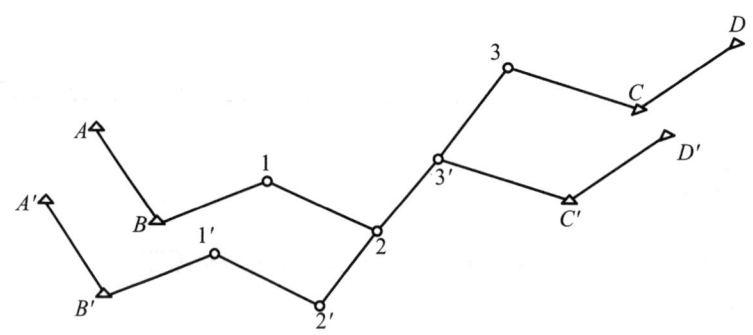

图 2-22　导线单边错误检查方法一

2．检验方法二

如图 2-23 所示，在下列中导线边 2—3 中发生错误 ΔD。由于其他各边和角没有发生错误，因此，从第 3 点开始及以后各点均产生一个平行于 2—3 边的位移量 ΔD。如果其他各边、各角中的偶然误差可以忽略不计，则计算的导线全长闭合差即等于 ΔD，且推算出的已知点坐标同给定坐标的方位角和错误导线边的方位角一致。

因此，一条边测错的图解查找方法之二为：从导线一端的已知点坐标方位角出发，用图解的方法绘制出支导线，并绘制出 C 点和 D 点。则同 CC' 平行的边的边长可能测定错误。

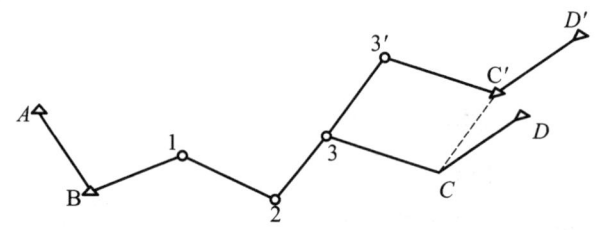

图 2-23　导线单边错误检查方法二

三、实训内容

如图 2-24 所示，下列符合导线中，有一条边错误，请检查出来。其方法可以采用 CAD 图解的方式或手工按支导线的计算方法。测量数据见表 2-9。

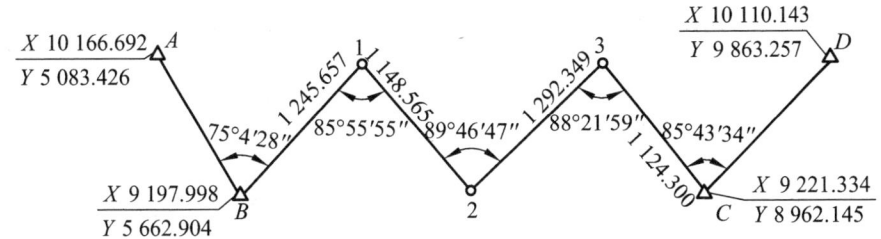

图 2-24 导线单边错误检验

表 2-9 导线原始测量数据

测站点	角度/°	距离/m	X/m	Y/m
A			10 166.692	5 083.426
B	75.042 8	1 245.657	9 197.998	5 662.904
1	85.555 5	1 148.565		
2	89.464 7	1 292.349		
3	88.215 9	1 124.300		
C	85.433 4		10 110.143	9 863.257
D			9 221.334	8 962.145

四、注意事项

（1）CAD 法绘制导线时，应注意 CAD 坐标系同测量坐标系不一致。
（2）绘制导线，注意角度的输入方法。
（3）边长可采用直接输入距离或采用拉长工具进行编辑。

五、上交资料

（1）每名学生上交图解法的 CAD 图形。
（2）每名学生上交实训报告。

实训项目十三　水准仪 i 角的检验方法

一、实训目的

（1）明确水准仪视准轴与水准轴之间正确的几何关系。
（2）明确 i 角误差对水准测量有何影响，如何克服 i 角误差对水准测量的影响。
（3）熟悉精密水准仪和因瓦水准标尺特性，通过测微器及楔形丝进行标尺读数。

（4）掌握水准仪 i 角误差检验与校正的操作程序和成果整理方法。

二、使用仪器

每组借用 DS_1 型水准仪 1 台（含脚架），尺垫 2 只，因瓦标尺 1 对，扶尺竹竿 4 支，皮尺（测绳）1 只，记录板 1 块。自备文具等。

三、实训内容与步骤

（1）在平坦地面上选择 A、B 两个立尺点，其距离为 $s = 20.6$ m。再在同一直线上，选择两个仪器点 J_1 和 J_2，J_1A 和 J_2B 的距离也是 $s = 20.6$ m，见图 2-25。

（2）先在 J_1 点观测，照准 A、B 两点的水准标尺，各读取四次中丝读数，取 4 次读数的平均数分别为 a_1 和 b_1。如果 $i = 0$，正确读数应分别是 a_1' 和 b_1'，所以由 i 角引起的读数误差，在 A 尺是 Δ，B 尺是 2Δ。

（3）同样，在 J_2 点观测时照准 A 和 B 点水准标尺所得读数的平均数为 a_2 和 b_2。正确读数是 a_2' 和 b_2'，i 角引起的读数误差分别是 2Δ 和 Δ。

（4）计算 i 角：

$$\Delta = i'' s \frac{1}{\rho} \quad 故 \quad i'' = \frac{\rho}{s} \Delta$$

为了简化计算，i 角测定时使 $s = 20.6$ m，则 $i'' = 10\Delta$。

（5）对于 DS_1 型水准仪，如若 i 角大于 $15''$，则应进行校正，校正应在指导教师指导下进行。校正 i 角在 J_2 测站进行，先求出水准标尺 A 上的读数：$a_2' = a_2 - 2\Delta$，调节测微螺旋和微倾螺旋，使水准仪在水准标尺 A 上的读数为 a_2'。此时符合水准气泡影像分离，则校正水准器的上、下改正螺旋，使气泡两端影像符合为止。然后检查另一水准标尺 B 上的读数是否为 $b_2' = b_2 - \Delta$。

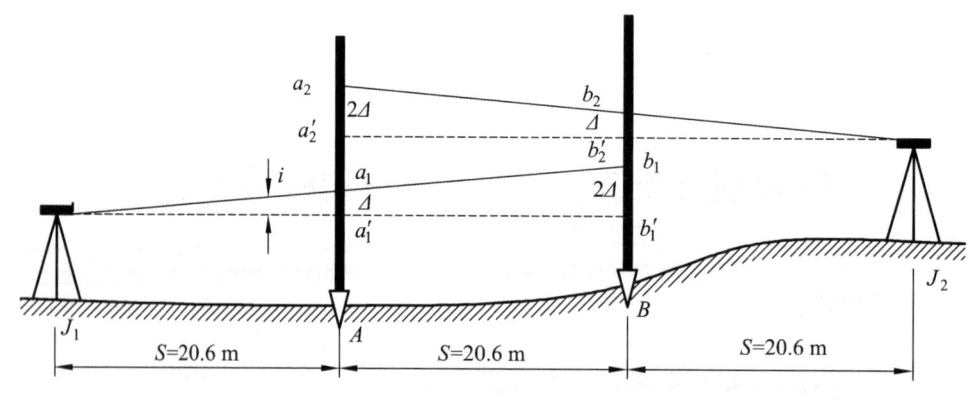

图 2-25　i 角检验示意图

四、技术要求

《工程测量规范》(GB 50026—2007)针对用于精密水准测量的水准仪及水准标尺,没有规定具体的检验项目,只是要求符合下列规定:

(1)水准仪视准轴与水准管轴的夹角 i,DS_1 型不应超过 15″;DS_3 型不应超过 20″。
(2)补偿式自动安平水准仪的补偿误差 $\Delta\alpha$,对于二等水准不应超过 0.2″,三等不应超过 0.5″。
(3)水准尺上的米间隔平均长与名义长之差,对于因瓦水准尺,不应超过 0.15 mm;对于条形码尺,不应超过 0.10 mm;对于木质双面水准尺,不应超过 0.5 mm。

五、注意事项

(1)一定要正确地使用测微器及楔形丝进行读数。
(2)注意保护标尺尺面及底面,正确使用扶尺环。
(3)校正水准器的改正螺旋时,应先松开一个改正螺旋,再拧紧另一个改正螺旋,不可将上、下两个改正螺旋同时拧紧或用时松开。
(4)此 i 角的校正方法仅针对符合气泡式水准仪。
(5)组内每人都要分别进行 i 角检验的观测训练与记录训练。

六、上交资料

(1)每名学生上交一份合格的 i 角检验表。
(2)每名学生上交一份实训报告。

实训项目十四 二等水准测量

一、实训目的

(1)掌握精密水准仪及水准标尺的正确使用方法。
(2)明确精密水准测量观测程序,熟练掌握一测站上的观测读数与记录、计算及检核全部内容。
(3)学会进行"测段小结"计算。

二、实训内容

(1)每组选取相距 200~300 m 的两固定水准点,设成偶数站。要求每站前后视距相等。
(2)采用正确的观测程序和记录规则,每人完成该段合格的二等水准测量的观测与记录。

（3）进行测站数据检核。
（4）进行测段计算。
（5）组内进行观测成果比较，相差较大者，应以重测。

三、仪器工具

每组借用 DS_1 型水准仪 1 台（含脚架），标尺 1 对、尺垫 1 对，竹竿 4 支，测绳或皮尺 1 只，记录板 1 块。自备文具等。

四、技术要求

（1）观测程序：往测奇数站与返测偶数站为后—前—前—后；往测偶数站与返测奇数站为前—后—后—前。后—前—前—后的读书顺序为：后视基本分划<u>上</u>丝、<u>下</u>丝、<u>中</u>丝，前视基本分划<u>中</u>丝、<u>上</u>丝、<u>下</u>丝，前视辅助分划<u>中</u>丝，后视辅助分划<u>中</u>丝。
（2）测站检核执行《工程测量规范》规定，见表 2-10。

表 2-10 二等水准测量技术规定

等级	视线长度		前后视距差 /m	前后视距累积差 /m	视线离地面最低高度 /m	基辅分划所得高差之差 /mm	水准路线测段往返测高差不符值 /mm
	仪器类型	视距/m					
二	DS_1	≤50	≤1.0	≤3.0	≥0.5	≤0.7	$\leq \pm 4\sqrt{K}$

① 二等水准视线长度小于 20m 时，其视线高度不应低于 0.3 m。
② 数字水准仪观测，不受基、辅分划或黑、红面读数较差指标的限制，但测站两次观测的高差较差，应满足表中相应等级基、辅分划或黑，红面所测高差较差的限值。
③ 记录规则参见本实训教程第一部分。
④ 测段小结参见《控制测量》教材，测段小结计算结果应与测站结果进行比对检核。
⑤ 记录计算的取位参见本实训教程第一部分。

五、注意事项

（1）组长负责组织实训小组完成本实训项目，并对组员进行合理分工，要求每一位组员都能进行观测训练、记录训练和计算训练。
（2）正确使用精密水准仪进行读数。上下丝读数时要用上下丝平分某一刻划，读取中<u>丝</u>读数时要用楔形丝卡准标尺某一整数刻划，这就需要通过旋转测微螺旋来实现。
（3）注意保护水准标尺的尺面和底面。如休息时，标尺需要短时间放置：斜放，要使两标尺尺面相对侧放，保证标尺不能滑倒；平放，要收回扶尺环，侧面着地。标尺底面不可直接落在地上；标尺需要较长时间放置时，一定要将其放置到尺箱之内。

（4）如水准仪与测微器微为分体结构，则在使用时应对测微器采取加固措施。
（5）扶尺应使用竹竿，绝不可脱手，以防摔坏标尺。
（6）观测与记录要严格遵守《工程测量规范》或其他技术规定。

六、上交资料

每名学生上交一份合格的观测成果和一份合格的记录成果。

实训项目十五　水准测量严密平差计算

一、实训目的

（1）进一步掌握平差易软件的使用方法。
（2）掌握水准平差的操作流程。
（3）掌握水准平差观测数据的输入方法。

二、水准平差步骤

（1）表2-11、图2-26分别为一条符合水准的测量数据和简图，A 和 B 是已知高程点，2、3 和 4 是待测的高程点。

表 2-11　水准原始数据表

测站点	高差/m	距离/m	高程/m
A	−50.440	1 474.444 0	96.062 0
2	3.252	1 424.717 0	
3	−0.908	1 749.322 0	
4	40.218	1 950.412 0	
B			88.183 0

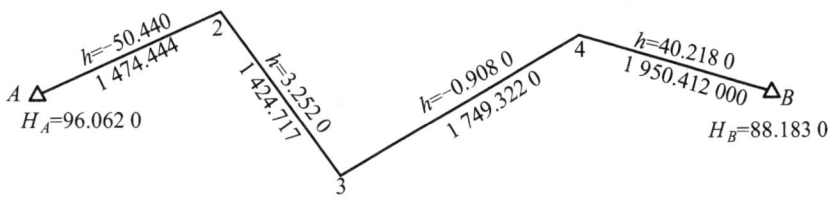

图 2-26　水准路线图（模拟）

（2）在平差易中输入以上数据，输入方式如图 2-27 所示。

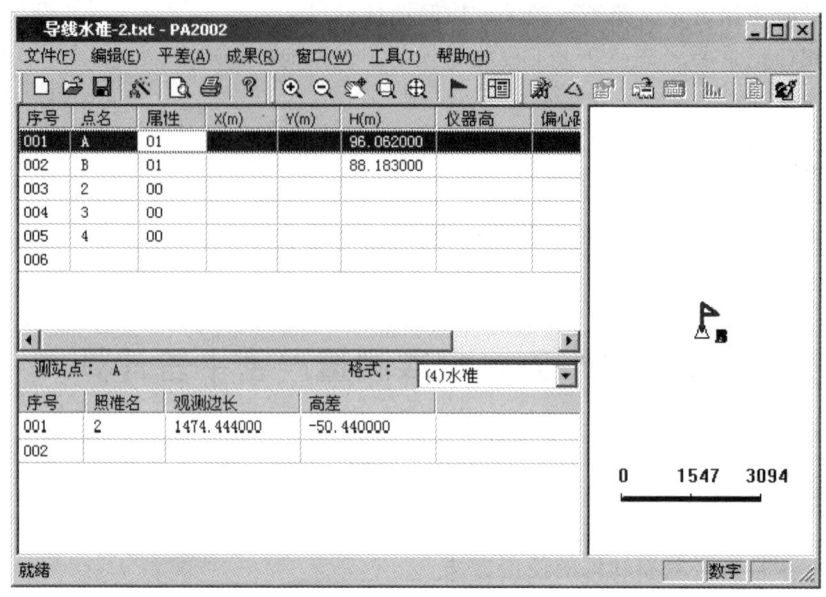

图 2-27 水准数据输入

在测站信息区中输入 A、B、2、3 和 4 号测站点，其中 A、B 为已知高程点，其属性为 01，其高程如"水准原始数据表"；2、3、4 点为待测高程点，其属性为 00，其他信息为空。因为没有平面坐标数据，故在平差易软件中没有网图显示。

（3）根据控制网的类型选择数据输入格式，此控制网为水准网，选择水准格式，如图 2-28 所示。

图 2-28 选择格式

（4）在观测信息区中输入每一组水准观测数据。

测段 A 点至 2 号点的观测数据输入（观测边长为平距）如图 2-29 所示。

测站点：	A		格式：	(4)水准
序号	照准名	观测边长	高差	
001	2	1474.444000	-50.440000	

图 2-29 A→2 观测数据

测段 2 号点至 3 号点的观测数据输入如图 2-30 所示。

测站点：	2		格式：	(4)水准
序号	照准名	观测边长	高差	
001	3	1424.717000	3.252000	

图 2-30 2→3 观测数据

测段 3 号点至 4 号点的观测数据输入如图 2-31 所示。

测站点：	3		格式：	(4)水准
序号	照准名	观测边长	高差	
001	4	1749.322000	-0.908000	

图 2-31 3→4 观测数据

测段 4 号点至 B 点的观测数据输入如图 2-32 所示。

测站点：	4		格式：	(4)水准
序号	照准名	观测边长	高差	
001	B	1950.412000	40.218000	

图 2-32 4→B 观测数据

三、注意事项

（1）在"高程计算方案"中，要选择"一般水准"，而不是"三角高程"。
"一般水准"所需要输入的观测数据：观测边长和高差。
"三角高程"所需要输入的观测数据：观测边长、垂直角、站标高、仪器高。

（2）在一般水准的观测数据中输入了测段高差就必须要输入相对应的观测边长，否则平差计算时该测段的权为零，从而导致计算结果错误。

四、实训内容

某二等水准网，如图 2-33 所示，已知 BM_6 点高程 450.356 m，观测数据如表 2-12 所示，试进行水准网平差，计算出未知节点高程。

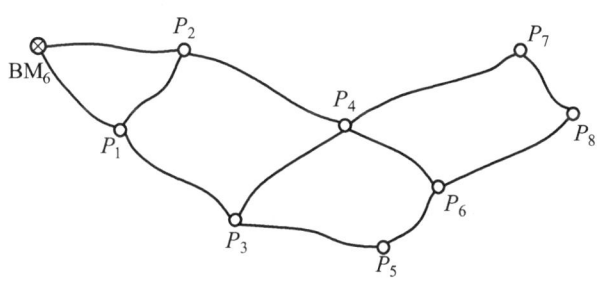

图 2-33 水准网示意图

表 2-12 观测数据表

测段序号	测段起点	测段终点	测段距离/m	观测高差/m
1	BM_6	P_2	20 128	+9.125
2	P_1	BM_6	15 224	+0.893
3	P_1	P_2	10 615	+10.012
4	P_1	P_3	25 128	+6.193

续表

测段序号	测段起点	测段终点	测段距离/m	观测高差/m
5	P_2	P_4	30 025	+2.640
6	P_3	P_4	20 229	+6.481
7	P_3	P_5	20 568	+6.999
8	P_4	P_6	15 227	+1.712
9	P_4	P_7	30 812	+26.214
10	P_5	P_6	5 888	+1.212
11	P_8	P_6	25 016	−64.388
12	P_8	P_7	10 666	−39.844

五、上交资料

（1）每名学生上交"实训内容"中得到的高程控制点高程及精度指标。
（2）每名学生上交对高程控制测量平差计算过程的总结。

实训项目十六　五等三角高程测量

三角高程测量的基本原理，是根据测站点观测照准点的垂直角和两点间的距离（平距或斜距）来计算测站点与照准点之间的高差，进而求得地面点的高程。这种方法虽然精度较低，但布网简便灵活，受地形限制较小，适用于地形起伏较大的地区或精度要求较低的场合，因此作为一种辅助方法有时也能起到重要作用。

一、实验目的

（1）掌握三角高程测量的观测方法。
（2）掌握三角高程测量的计算方法。
（3）理解三角高程计算球气差改正的原理。

二、实验计划

（1）实验时数2学时。
（2）每实验小组由4~6人组成。
（3）每组选定4~6个点，布设三角高程导线。

三、实验仪器

每实验小组的实验器材为：全站仪 1 台，三脚架 1 个，棱镜 2 个，钢卷尺 1 把。

四、方法步骤

（1）观测方法。
① 斜距观测两个测回。
② 竖直角观测两个测回。
③ 仪器高、棱镜高观测前后各量一次，精确到 mm。
④ 竖直角和斜距都是对向进行观测。
（2）电磁波测距三角高程测量的高差计算公式：

$$h = D\sin\alpha + (1-K)\frac{D^2}{2R}\cos^2\alpha + i - v$$

式中，h 为测站与镜站之间的高差；α 为垂直角；D 为经气象改正后的斜距；K 为大气折光系；i 为全站仪仪器高；v 为反光镜的高度。

五、技术要求

电磁波测距三角高程观测的技术要求，应符合下列规定：
（1）电磁波测距三角高程观测的主要技术要求，应符合表 2-13 的规定。
（2）垂直角的对向观测，当直觇完成后应即刻进行返觇测量。
（3）仪器、反光镜或觇牌的高度，应在观测前后各量测一次并精确至 1mm，取其平均值作为最终高度。
（4）直返觇的高差，应进行地球曲率和折光差的改正。
（5）高程成果的取值，应精确至 1 mm。

表 2-13 电磁波测距三角高程测量的主要技术要求

等级	每千米高差全中误差/mm	边长/km	测回数	指标差较差/″	测回较差/″	观测次数	对向观测高差较差/mm	附合或环形闭合差/mm
四等	10	≤1	3	≤7	≤7	对向观测	$40\sqrt{D}$	$20\sqrt{\sum D}$
五等	15	≤1	2	≤10	≤10	对向观测	$60\sqrt{D}$	$30\sqrt{\sum D}$

六、注意事项

（1）竖直角观测时应以中丝横切于目标顶部。

（2）对于有竖盘指标水准管的经纬仪，每次竖盘读数前必须使水准管气泡居中。

（3）安置好仪器后应及时量取仪高，以免在测好后忘记量取仪高而移动仪器。

（4）当 $D < 400$ m 时，可不进行两差改正。

（5）起讫点的精度等级，四等应起讫于不低于三等水准的高程点上，五等应起讫于不低于四等的高程点上。

（6）线路长度不应超过相应等级水准路线的总长度。

七、实验报告

（1）每名学生上交实训报告。

（2）每组上交三角高程测量记录及计算表。

实训项目十七　三角高程测量严密平差计算

平差易软件中也可进行导线水准和三角高程导线的平差计算，数据输入的方法与上述的几乎一样，但要注意将控制网的类型格式选择为"导线水准"或"三角高程导线"。

一、实训目的

（1）进一步掌握平差易软件的使用方法。

（2）掌握三角高程平差的操作流程。

（3）掌握三角高程平差的数据输入方法。

二、三角高程平差

（1）表 2-14 和图 2-34 分别为三角高程的测量数据和简图，A 和 B 是已知高程点，2、3 和 4 是待测的高程点。

表 2-14　三角高程原始数据表

测站点	距离/m	垂直角/°	仪器高/m	站标高/m	高程/m
A	1 474.444 0	1.044 0	1.30		96.062 0
2	1 424.717 0	3.252 1	1.30	1.34	
3	1 749.322 0	−0.380 8	1.35	1.35	
4	1 950.412 0	−2.453 7	1.45	1.50	
B				1.52	95.971 6

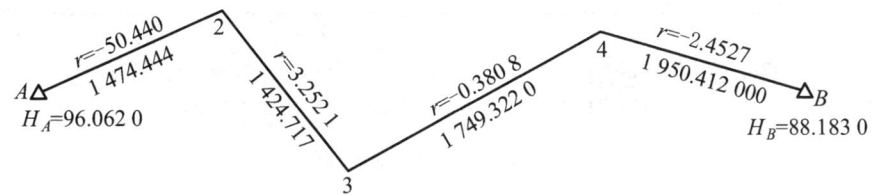

图 2-34 三角高程路线图（模拟）

（2）在平差易中输入以上数据，如图 2-35 所示。

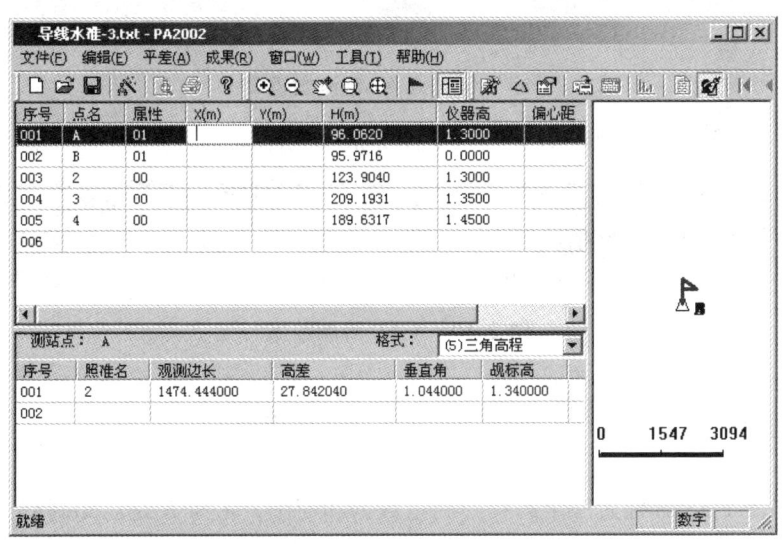

图 2-35 三角高程数据输入

在测站信息区中输入 A、B、2、3 和 4 号测站点，其中 A、B 为已知高程点，其属性为 01，其高程如"三角高程原始数据表"；2、3、4 点为待测高程点，其属性为 00，其他信息为空。因为没有平面坐标数据，故在平差易软件中也没有网图显示。

（3）此控制网为三角高程，选择三角高程格式，如图 2-36 所示。

| 测站点： | 4 | | 格式： | (5)三角高程 |

图 2-36 选择格式

注意：在"计算方案"中要选择"三角高程"，而不是"一般水准"。

（4）在观测信息区中输入每一个测站的三角高程观测数据。

测段 A 点至 2 号点的观测数据输入如图 2-37 所示。

测站点：	A			格式：	(5)三角高程
序号	照准名	观测边长	高差	垂直角	觇标高
001	2	1474.444000	27.842040	1.044000	1.340000

图 2-37 A→2 观测数据

（5）测段 2 点至 3 号点的观测数据输入如图 2-38 所示。

测站点：	2			格式：	(5)三角高程	
序号	照准名	观测边长	高差		垂直角	觇标高
001	3	1424.717000	85.289093		3.252100	1.350000

图 2-38 *A*→2 观测数据

（6）测段 3 点至 4 号点的观测数据输入如图 2-39 所示。

测站点：	3			格式：	(5)三角高程	
序号	照准名	观测边长	高差		垂直角	觇标高
001	4	1749.322000	-19.353448		-0.380800	1.500000

图 2-39 *A*→2 观测数据

（7）测段 4 点至 *B* 点的观测数据输入如图 2-40 所示。

测站点：	4			格式：	(5)三角高程	
序号	照准名	观测边长	高差		垂直角	觇标高
001	B	1950.412000	-93.760085		-2.452700	1.520000

图 2-40 4→*B* 观测数据

三、实训内容

表 2-15 和图 2-36 分别为三角高程的测量数据和简图，*A* 和 *B* 是已知高程点，2、3 和 4 是待测的高程点。

表 2-15 三角高程原始数据表（往测）

测站点	距离/m	垂直角/°	仪器高/m	站标高/m	高程/m
A	1 474.444 0	1.044 0	1.30		96.062
2	1 424.717 0	3.252 1	1.30	1.34	
3	1 749.322 0	−0.380 8	1.35	1.35	
4	1 950.412 0	−2.453 7	1.45	1.50	
B				1.52	96.305

表 2-16 三角高程原始数据表（返测）

测站点	距离/m	垂直角/°	仪器高/m	站标高/m	高程/m
B	1 950.411 0	2.444 5	1.32		96.305
4	1 749.324 0	0.372 1	1.31	1.33	
3	1 424.718 0	−3.260 1	1.35	1.37	
2	1 474.443 0	−1.052 2	1.43	1.52	
A				1.54	96.062

四、注意事项

（1）注意高程平差模式的选项，要选择为"三角高程"。
（2）每站的观测数据要输入完整。
（3）注意三角高程平差时，对向观测数据的输入方法。

五、上交资料

（1）每人上交实训报告。
（2）每人上交三角高程平差计算报表。

实训项目十八　测量坐标系的转换

目前，常用的测量坐标系有两类：一类是地心坐标系，坐标系的原点是地球质量中心；另一类是参心坐标系，坐标系的原点是参考椭球中心。坐标的表示形式分别为空间直角坐标（X,Y,Z）和大地坐标（L,B,H）。另外，在参心坐标系统中，通常我们要将参心坐标系通过高斯投影方法转换为高斯平面直角坐标，以适应我们的日常使用习惯。在现实生活中，经常会用到 WGS—84 坐标系、2000 国家坐标系、1954 年北京坐标系、1980 年西安大地坐标系和各种工程坐标系等，不可避免地要碰到个坐标系统的转换问题。本实训项目就是要解决这一问题。

一、实训目的

（1）明确测量常用坐标系统的定义、建立方法、基本概念、采用椭球及参数等。
（2）明确各坐标系统间的内在转换关系。
（3）掌握相同基准下的坐标系转换方法及应用公式；掌握不同基准下的坐标系转换方法、应用公式及转换参数的意义和求解。
（4）掌握国家平面坐标系与工程坐标系的转换方法。

二、上机软件

Coord MG（或 Coord 4.0），该软件为互联网免费软件。

三、实训内容

（1）3°分带内某点 P 的 54 北京坐标为（4 333 444.555，41 412 333.500）。① 计算 P 点大

地坐标；②将 P 点转换为 6°分带第 21 带；③将 P 点转换为 3°分带第 40 带；④将 P 点转换至某工程坐标系，该工程坐标系采用克拉索夫椭球，坐标系中央子午线经度为 122°10′00″。

（2）某点大地经度为 $L = 118°30′10″$，该点分别位于 6°分带和 3°分带的多少带内？

（3）某 GPS 点在 WGS—84 坐标系内坐标为 P（122°40′10″，41°35′18″），将该点转换至 1980 年西安大地坐标系。已知平移参数：dx = 101.22 m，dy = −200.33 m，dz = 124.63 m；旋转参数 x：0°01′05″，旋转参数 y：0°00′55″，旋转参数 z：0°01′21″ 尺度参数：1.001 1。

（4）某两个 GPS 点在 WGS—84 坐标系内坐标为 P（122°40′10″，41°35′18″，0），M（122°44′25″，41°38′22″，0）。①将此两点转换成空间直角坐标系，坐标分别是多少？并计算空间直角坐标系下两点的直线距离。②坐标系中央子午线经度为 123°，计算此两点的高斯平面坐标。

四、注意事项

（1）通过此训练课，一定要明确测量常用坐标系统的定义及相关概念，会用相关软件解决坐标转换问题。

（2）一定要明确坐标系统的类型及其表达形式。

（3）特别注意：参考椭球、中央子午线、带号、加常数、七参数（三参数）、四参数等概念。

（4）目前，很多软件都具有坐标转换功能。

五、上交资料

（1）每名学生上交所有的计算结果。

（2）每名学生上交实训总结，主要写出通过此训练课，对"坐标系统及转换"这一知识的理解和具体收获。

实训项目十九 不同基准下坐标的转换

一、实训目的

（1）明确测量常用坐标系统的定义、建立方法、基本概念、采用椭球及参数等。

（2）明确各坐标系统间的内在转换关系。

（3）掌握相同基准下的坐标系转换方法及应用公式；掌握不同基准下的坐标系转换方法、应用公式及转换参数的意义和求解。

（4）掌握国家平面坐标系与工程坐标系的转换方法。

二、上机软件

Coord MG（或 Coord 4.0），该软件为互联网免费软件。

三、坐标转换实例

如表 2-17 所示，已知 WGS—84 大地坐标，需要将其转换成北京 1954 高斯平面直角坐标，转换参数如表 2-18 所示（已知 WGS—84 空间直角坐标转换成北京 1954 空间直角坐标转换的七个参数和北京 1954 大地坐标转换成高斯平面直角坐标的投影参数）。

表 2-17 WGS—84 大地坐标

点号	B（纬度）	L（经度）	H（大地高，m）
a	40°17′41.120″	124°6′4.137″	114.126
b	40°21′16.811″	124°0′38.362″	133.989
c	40°20′16.965″	124°2′18.912″	127.092
d	40°24′23.211″	123°58′46.056″	119.502

表 2-18 七参转换参数和高斯投影参数

平移	x：92.253 m y：225.700 m z：85.978 m
旋转	x：−1.2203″ y：2.3571″ z：−3.3165″
比例	−10.875 ppm
投影基准	北京 54 椭球
投影参数	中央子午线 123° 原点纬度 0° 原点假东 500 000 m 原点假北 0 m 尺度 1

其转换过程如下：

（1）WGS—84 大地坐标（见表 2-17）依据同一椭球基准的坐标转换方法，转换成 WGS—84 空间直角坐标（转换结果见表 2-19）。

表 2-19 WGS—84 空间直角坐标

点号	X/m	Y/m	Z/m
a	−2 731 341.700 767	4 034 000.550 011	4 103 076.954 728
b	−2 722 567.294 896	4 034 753.136 585	4 108 162.023 373
c	−2 725 199.848 022	4 034 411.433 977	4 106 750.657 239
d	−2 718 282.039 644	4 033 136.880 737	4 112 532.457 873

（2）表 2-19 所示 WGS—84 空间直角坐标依据表 2-18 中的七参数（即三个平移、三个旋转和一个比例），转换成北京 1954 空间直角坐标。其方法是：首先输入七参数（见图 2-41），然后如图 2-42 所示，在源坐标输入 WGS—84 空间直角坐标，坐标转换类型选择"七参数转换"，最后点击"坐标转换"按钮，即可计算出转换后的 1954 空间直角坐标。其转换成果如表 2-20 所示。

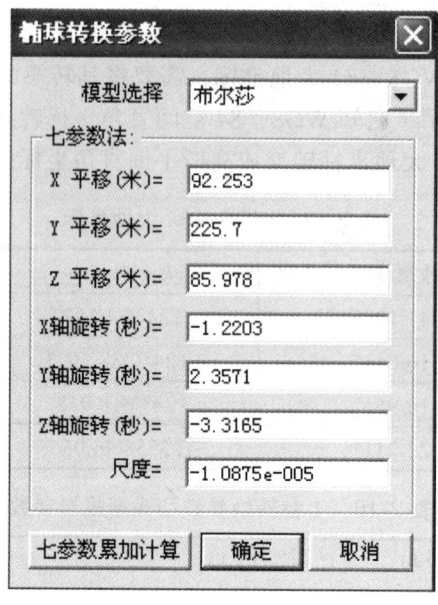

图 2-41 输入转换七参数

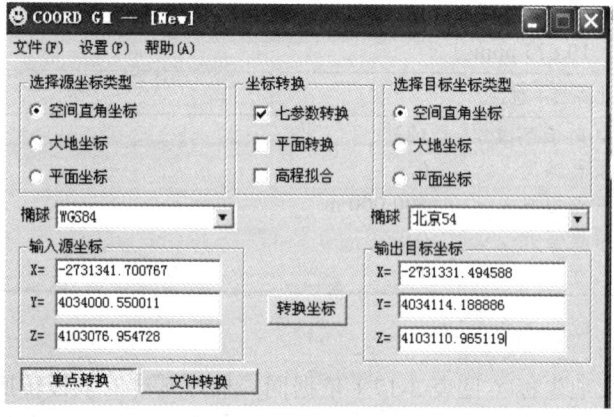

图 2-42 WGS—84 坐标转换成北京 1954 坐标

表 2-20 北京 1954 空间直角坐标

点号	X/m	Y/m	Z/m
a	−2 731 331.494 588	4 034 114.188 886	4 103 110.965 119
b	−2 722 557.254 349	4 034 866.878 274	4 108 196.083 187
c	−2 725 189.757 224	4 034 525.145 403	4 106 784.700 296
d	−2 718 272.069 655	4 033 250.683 048	4 112 566.509 566

（3）1954空间直角坐标转依据表2-18中的投影参数，转换成如表2-21所示的1954高斯平面直角坐标，转换参数的设置如图2-43所示，转换方法如图2-44所示。

表2-21 北京1954高斯平面直角坐标

点号	X/m	Y/m
a	4 462 883.963	593 556.598
b	4 469 445.283	585 786.266
c	4 467 626.789	588 180.688
d	4 475 165.072	583 072.412

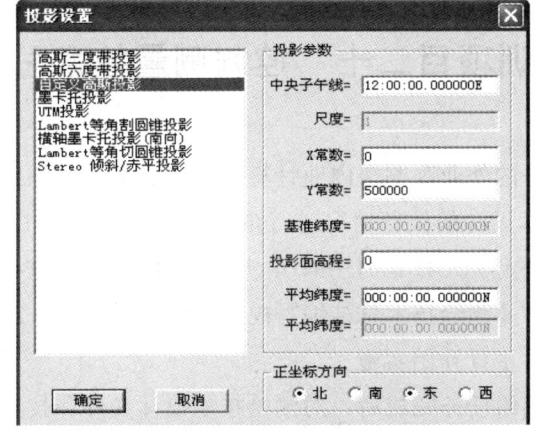

图2-43 高斯投影参数设置

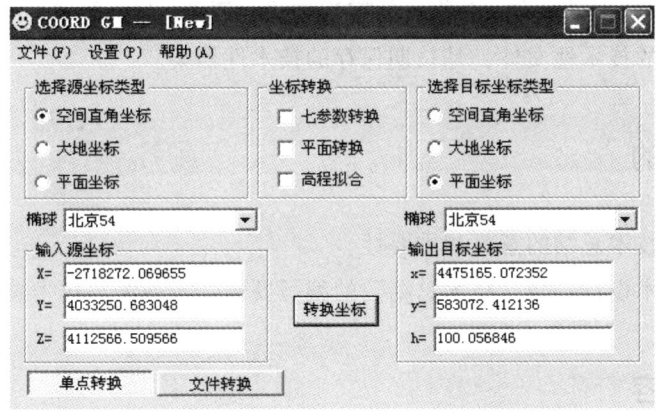

图2-44 北京1954空间直角坐标转换成平面坐标

四、注意事项

（1）通过此训练课，一定要明确测量常用坐标系统的定义及相关概念，会用相关软件解决坐标转换问题。

（2）一定要明确坐标系统的类型及其表达形式。

（3）特别注意：参考椭球、中央子午线、带号、加常数、七参数（三参数）、四参数等概念。

五、上交资料

（1）"实训内容"部分所有的计算结果。

（2）实训总结，主要写出通过此训练课，对"坐标系统及转换"这一知识的理解和具体收获。

实训项目二十　控制测量技术总结

在完成测绘生产任务的外业观测与内业计算之后，必须编写测绘技术总结，以对控制测量工作的完成情况和技术设计的执行情况进行全面总结。国家于1991年曾颁布国家行业标准《测绘技术总结编写规定》（CH 1001—91），并于2005年对其进行了修改及颁布，即中华人民共和国测绘行业标准《测绘技术总结编写规定》（CH/T 1001—2005），以替代（CH 1001—91），并于2006年1月1日开始实施。

测绘技术总结是在测绘任务完成后，对测绘技术设计文件和技术标准、规范等的执行情况，技术设计方案实施中出现的主要技术问题和处理方法，成果（或产品）质量、新技术的应用等进行分析研究、认真总结，并作出的客观描述和评价。测绘技术总结是与测绘成果（或产品）有直接关系的技术性文件，是长期保存的技术性档案。

一、实训目的

（1）明确编写技术总结的意义和重要性。

（2）区分"技术设计"与"技术总结"的编写要领，掌握编写技术总结的方法。

二、实训内容

（1）复习《控制测量》课程知识，包括控制测量技术设计、平面控制测量与高程控制测量实施全过程、控制测量技术总结等内容，特别要重点解读教材中关于控制测量技术总结的实际案例。

（2）认真学习领会《测绘技术总结编写规定》（CH/T 1001—2005）相关条款。

（3）结合某一实际（或模拟）控制测量工程，每人撰写一份控制测量技术总结报告。

三、注意事项

（1）一项控制测量工程的技术总结报告，其核心内容是对技术设计的执行情况和工程的完成情况进行总结。

（2）此实训项目可以在学完《控制测量》（林玉祥，测绘出版社，2009）全部课程之后进行；亦可在完成控制测量综合实训任务之后，对控制测量综合实训进行总结。

（3）此实训项目可在课后业余时间内完成。

（4）内容真实、全面，重点突出。说明和评价技术要求的执行情况时，不应简单抄录设计书的有关技术要求，应重点说明作业过程中出现的主要技术问题和处理方法、特殊情况的处理及其达到的效果、经验、教训和遗留问题等。

（5）文字应简明扼要，公式、数据和图表应准确，名词、术语、符号和计量单位等均应与有关法规和标准一致。

四、编写测绘技术总结的主要依据

（1）测绘任务书或合同的有关要求，顾客书面要求或口头要求的记录，市场的需求或期望。

（2）测绘技术设计文件以及相关的法律、法规、技术标准和规范。

（3）测绘成果（或产品）的质量检查报告。

（4）适用时，以往测绘技术设计、测绘技术总结提供的信息以及现有生产过程和产品的质量记录和有关数据。

五、上交资料

控制测量技术总结报告，每人撰写一份。

第三部分 控制测量综合实训

项目一 控制测量综合实训（实训任务）

一、实训目的

（1）巩固课堂所学知识，加深对控制测量基本理论的理解，能够运用有关的理论指导作业实践，做到理论与实践相统一，提高学生分析问题、解决问题的能力，对控制测量的基本内容进行一次实际的应用，使所学知识得到进一步巩固、深化。

（2）对学生进行控制测量野外作业的基本技能训练。通过实训，学生熟悉并掌握布测等级控制网的全过程，包括编写技术设计书、踏勘、选点、选线、埋石、绘制点之记、仪器检验、外业观测、数据检核与平差计算、编写技术总结等部分。

（3）通过完成控制测量实际任务的技能训练，提高学生独立从事测绘工作的计划、组织与管理能力和协作精神，培养学生良好的专业品质和职业道德，提高团队意识与协作精神，达到培养和提高专业素质和综合素质的目的。

（4）通过实训，使学生开幕式学会解读与使用测量规范，建立严格遵守测量规范的意识。

二、实训组织

综合实训的实施，首先应是合理地组织安排。实训组织应根据学生人数、实训场地状况、仪器设备情况进行分组，参加实训的学生每 6~8 人为一小组，设小组长 1 名；每 3~4 个小组为大组，设大组长 1 名，每大组设实训指导教师 1 名。共设置 3 个实训大组，分别为 GPS 组、水准组和导线组。3 个大组可以并行作业，并定期进行轮换。

小组长职责：组织本小组成员认真学习领会实训指导书，贯彻执行指导教师提出的各项要求，带领并组织全组成员顺利完成各项实训、仪器的借用与保管、数据的采集与处理等各项具体工作，同时保持与指导教师的顺利沟通。

大组长职责：担当指导教师与各实习小组相互沟通的桥梁纽带，协助指导教师对本大组的实训过程进行有效的管理与协调，使之顺利完成实训任务。

三、实训任务

综合实训任务如下：

（1）撰写"××地区控制测量技术设计书"。
（2）建立××地区首级 GPS 平面控制网（四等）。
（3）建立××地区首级高程控制网（二等）。
（4）采用全站仪对整个测区进行加密控制（平面：一级，高程：五等）。
（5）对所有实训环节采集到的数据做必要的检核及相关的计算，经平差处理后形成控制点成果表。
（6）编写××地区控制测量技术总结报告。

为保证学生得到均衡的实践锻炼，规定学生按要求必须完成如下任务：
（1）独立撰写一份"××控制测量技术设计书"。
（2）踏勘、选点、造标、埋石。

① 在 GPS 实训和精密水准测量实训中，以大组为单位由指导教师带领踏勘测区，了解测区情况及任务情况，领会建网的目的和意义，对控制点进行图上设计与实地选点，并构网。

② 每人至少绘制一个 GPS 点的点之记和一个水准点的点之记。

③ 分组进行造标埋石，视具体情况进行埋石的观摩或实际动手操作。

（3）GPS 静态测量。

① 根据《工程测量规范》要求，每大组布设一个完整的××地区 GPS 首级平面控制网，掌握 GPS 控制网布设的基本要求。

② 根据仪器、人员、车辆、道路及控制网实际情况制订详细的观测计划，并按观测计划实施观测。

③ 按要求现场填写各点 GPS 测量手簿，每时段观测前、后各量取天线高一次，量至毫米，两次量取值较差不超过 3 mm。

④ 接收机内存数据文件在卸到外存介质上时，不得进行任何修改，不得调用任何对数据实施重新加工组合的操作命令。

⑤ 基线解算完成后，每个人均应进行限差校核，校核内容包括：重复基线闭合差、同步环闭合差、异步环闭合差等。

⑥ 进行三维无约束平差及二维约束平差，最后得到各 GPS 点的 1954 年北京坐标系（或 1980 年西安大地坐标系）坐标及精度指标。

⑦ 结合实际，在技术总结报告中对技术设计的执行情况和任务完成情况进行全面总结。技术总结报告中引用的数据必须是真实的。

（4）高程控制测量。

① 在进行正式水准测量之前，一定要先行进行精密水准测量的读数练习和立尺练习。

② 各小组作业前要对水准仪进行 i 角误差检验，小组必须提交一份合格的检验结果。

③ 每人完成 1.0 km 以上（一个完整测段）往返二等水准测量的观测练习和记录练习，并取得合格的观测成果及合格的记录成果。水准记录应严格执行记录规则。施测的水准路线由指导教师确定。

④ 通过实训，在总结报告中要写明进行精密水准测量的一般原则和应注意事项等。

（5）全站仪导线加密测量。

① 通过实训全面掌握所使用全站仪的性能和具体操作方法。

② 各小组在指导教师带领下对 GPS 控制网进行 I 级导线加密。当然，对整个测区进行

加密，其工作量是非常大的，为方便，各小组可以选定一条固定的符合（闭合）导线进行观测训练。每人至少完成 5 站（一条完整路线）合格的导线测量观测成果，等级为一级，内容含水平角、边长和直反觇垂直角的测量。

③ 每人至少完成 5 站及以上（一条完整路线）合格的导线测量观测的记录与计算。记录应严格执行记录规则。计算内容：方向观测值及测距平均值的计算、竖直角的计算、导线的计算（建议采用严密平差方法）与检核、三角高程的计算（一定要顾及球气差的影响与改正）与限差检核，每人提交一份正规的计算成果。

④ 三角高程测量的观测与计算执行国家五等水准的技术要求。

⑤ 技术总结报告中应附有导线的计算和三角高程的计算，并对结果作出说明。

⑥ 记录员应完成导线记录表中的全部计算，导线坐标与三角高程的计算由观测员完成。

（6）撰写"××地区控制测量技术总结报告"。

四、技术标准

（1）《工程测量规范》（GB50026—2007）。
（2）《测绘技术总结编写规定》（CH/T1001—2005）。
（3）《测绘技术设计规定》（CH/T1004—2005）。
（4）《国家一、二等水准测量规范》（GB12897—91）。
（5）《控制测量》（林玉祥，测绘出版社，2009）。

五、实训进程安排

综合实训需要 5 周时间（共计 25 天），实训进程安排如下：

（1）实训动员、借领仪器	1 天
（2）控制测量技术设计	4 天
（3）GPS 首级平面控制测量	5 天
（4）首级高程控制测量	5 天
（5）Ⅰ级导线加密导线	5 天
（6）控制测量技术总结	2 天
（7）仪器操作考核	2 天
（8）归还仪器	1 天

考虑到仪器数量和实训场地等条件限制，水准组、导线组和 GPS 应定期轮换。

六、仪器设备与工具

（1）精密水准测量（水准组）。

DS_1 型精密水准仪（带脚架）1 台，因瓦水准标尺 2 只，尺垫 2 只，扶尺杆 4 根，50～100 m 测绳（或皮尺）1 只，测伞 1 把，记录板 1 块。自备铅笔、小刀等文具用品。

（2）GPS测量（GPS组）。

实训大组由3～4个小组组成，每小组借用静态GPS接收机1台套（含脚架及量高尺），GPS电池1个，充电器1个，对讲机1部。自备铅笔、小刀等文具用品。

（3）全站仪导线测量（导线组）。

全站仪（包括脚架）1台，棱镜（包括脚架、基座和觇板）2个，2m钢卷尺3把，测伞1把。自备铅笔、小刀等文具用品。

以上实训项目的记录计算表格见本书的附表。

七、上交资料

（1）每个实训小组应上交的资料：
① GPS网点位布设图；
② GPS首级控制网的观测数据和现场观测记录、坐标平差结果及精度评定结果；
③ 水准测量观测手簿、全站仪导线观测手簿；
④ 水准仪的检验资料；
⑤ 所有控制点点之记；
⑥ 相关的计算表。

（2）每人应上交的资料：
① GPS控制网点位布设图、自己绘制的点之记；
② 全站仪导线的坐标计算表；
③ 全站仪导线的三角高程计算表；
④ "××地区控制测量技术设计书"和"××地区控制测量技术总结报告"。

项目二　控制测量综合实训（实训指导书）

一、编写"××地区控制测量技术设计书"

技术设计书应包含的内容和具体要求如下：

1．任务概述

说明任务来源、测区范围、地理位置、行政隶属、任务量和采用的技术依据。

2．测区自然地理概况

说明测区地理特征、居民地、交通、气候等情况，并划分测区困难类别。

3. 已有资料的分析、评价和利用

说明作业单位，施测年代，作业所依据的标准、所采用的平面、高程和重力基准；说明已有资料的质量情况，并作出评价和指出利用的可能性。

4. 设计方案

（1）控制测量外业：一般要求先在适当的比例尺地形图上，按有关标准进行图上设计，图上设计完后，应展绘成一定比例尺的设计图。

设计方案的文字说明应符合以下基本要求：

① GPS、导线测量：说明所确定的控制网的名称、等级、图形、点的密度、已知点的利用情况等；采用的坐标系统及相关坐标系统间的转换计算方法；初步确定标石的类型、GPS 基线向量、水平角和导线边的测定方法，新旧点的联测方案和 GPS 点、导线点高程的测定方法等。

根据上述情况，按工序确定工作量。

② 水准测量：叙述采用的高程基准及起算点的简况，说明路线的名称、等级、位置、长度、点的间距及编号方法；确定交叉点、基本点和基岩点的点名和位置；确定标石类型及埋设规格；拟订观测、联测、检测及跨越障碍的各项方案；计算工作量。

（2）控制测量计算：分析和评价外业成果资料；说明采用的平面、高程基准和起算数据；确定平差计算的计算软件、计算方法和精度要求；提出精度分析的方法，对计算成果打印格式和整理的要求；计算工作量。

（3）采用新技术和新方法时，要说明所使用的仪器和执行的标准或提出技术要求和达到的精度指标。

5. 建议和措施

为完成上述设计方案，拟订所需的仪器设备和主要物资，并指出业务管理、物资供应、通讯联络等工作中必须采取的措施和对作业的建议。

6. 附图、附表

（1）技术设计图；
（2）综合工作量表；
（3）工天利用表；
（4）主要物资器材表；
（5）预计上交产品和资料表等。

二、控制测量外业作业的技术要求

1. GPS 静态测量

（1）GPS 选点要求。

① 点位的选择符合技术设计要求，并有利于其他测量手段进行扩展与联测。

② 点位的基础应坚实稳固,易于长期保存,并有利于安全作业。
③ 点位应视空开阔,被测卫星的地坪高度角应大于15°。
④ 点位应远离大功率无线电发射源,并远离高压输电线其距离不得小于50 m。
⑤ 附近不应有干扰接受卫星信号的物体。
⑥ 交通应便于作业。
(2) 技术要求。
① 各等级 GPS 测量的基本技术要求见表 3-1。

表 3-1 GPS 测量的技术要求

项目	各等级 GPS 测量的基本技术要求		
	三等	四等	一级
卫星高度角/°	≥15	≥15	≥15
有效卫星数	≥5	≥4	≥4
PDOP 值	≤6	≤6	≤8
时段长度/min	≥20	≥15	≥10
采样间隔/s	10~30	10~30	10~30

② 观测准备。
每天出发前应确保电池电量充足,仪器及附件携带齐全,作业前应保证数据存储容量充足。天线安置应符合下列要求:天线应安于基座之上,整平对中,对中误差小于 3 mm;天线定位标志指向正北,定向误差小于 5°;测前测后应分别量取天线高度,其误差应小于 3 mm。
③ 作业要求。
各作业组应严格执行作业调度计划,确保同时观测同一组卫星。确认接收机各连线正确无误后方可开机。仪器正常工作后,作业员应逐项填写测量手簿中各项内容。作业期间,观测员不得擅自离开测站,注意严格保护仪器。每日观测结束后,应及时将数据进行备份,并对观测数据进行解算。
④ 基线解算及检验。
GPS 网应由独立基线构成,对于长度小于 8 km 的基线边,必须采用双差固定解。
同步环坐标分量及环线全长相对闭合差应满足下列规定:

$$w_x \leqslant \frac{\sqrt{n}}{5}\sigma, \quad w_y \leqslant \frac{\sqrt{n}}{5}\sigma, \quad w_z \leqslant \frac{\sqrt{n}}{5}\sigma$$

$$w = \sqrt{w_x^2 + w_y^2 + w_z^2}$$

$$w \leqslant \frac{\sqrt{3n}}{5}\sigma$$

异步环坐标分量及环线全长相对闭合差应满足下表规定:

$$w_x \leqslant 2\sqrt{n}\sigma, \quad w_y \leqslant 2\sqrt{n}\sigma, \quad w_z \leqslant 2\sqrt{n}\sigma$$

$$w \leqslant 3\sqrt{3n}\sigma$$

重复基线的长度较差应满足下式规定:

$$ds \leqslant 2\sqrt{2}\sigma$$

对于超限的基线边长必须进行重测。

⑤ GPS 网平差。

对于由独立基线组成的 GPS 网,应先在 WGS—84 坐标系下进行三维无约束平差,然后在地方坐标系中进行二维约束平差。

2．精密水准测量

(1) 精密水准测量注意事项。

① 用光学测微法读厘米以下的小数代替直接估读,以提高读数精度,直读到 0.1mm 位;i 角检验时读至 0.01 mm 位。

② 选择在标尺分划成像清晰、稳定和气温变化小的时间观测,即在最佳观测时段内观测。

③ 晴天观测要打伞,迁站时要保证使仪器竖直。对于外挂式测微器,必须用细绳将其拴牢,确保其安全。

④ 视线长度、视线高不能超限,每站的前、后视距基本相等。

⑤ 一测段水准路线上(两个水准点之间)的测站数必须是偶数。往、返测的前、后标尺必须交换。

⑥ 相邻测站观测程序相反,观测程序如下:对于往测奇数站,后视基本分划上下中,前视基本分划中上下,前视辅助分划中,后视辅助分划中;对于往测偶数站,前视基本分划上下中,后视基本分划中上下,后视辅助分划中,前视辅助分划中。返测时,奇数测站和偶数测站的观测顺序与往测时相反,奇数测站是"前—后—后—前",偶数测站是"后—前—前—后"。

(2) 精密水准测量作业限差与技术要求。

精密水准测量作业限差与技术要求见表 3-2 和表 3-3。

表 3-2 二等精密水准测量观测限差

等级	最大视线长度/m	前后视距差/m	任一测站前后视距累积差/m	视线离地面最低高度/m	基辅分划读数差/mm	一测站观测两次高差之差/mm
二	50	1.0	3.0 m	0.5	0.5	0.7

表 3-3 二等水准路线主要技术指标

等级	每千米高差中数中误差		路线往、返测高差不符值	附合路线或环线闭合差	检测已测测段高差之差
	偶然中误差 M_Δ	全中误差 M_W			
二	±1	±2	$±4\sqrt{L_s}$	$±4\sqrt{L}$	$±6\sqrt{L_i}$

表中: $M_\Delta = \pm\sqrt{\dfrac{1}{4n}\left(\dfrac{\Delta\Delta}{L_s}\right)}$, $M_W = \pm\sqrt{\dfrac{1}{N}\left(\dfrac{WW}{L}\right)}$。

3．全站仪导线测量

全站仪导线测量中实训要求，水平角、天顶距、斜距要分别进行测量，不可进行交叉测量。

（1）全站仪控制测量注意事项。

① 用于控制测量的全站仪的精度要达到相应等级控制测量的要求。

② 测量前要对仪器按要求进行检定、校准；出工前要检查仪器电池的电量。

③ 必须使用与仪器匹配的反射棱镜测距。

④ 测量前要检查仪器参数和状态设置，如角度、距离、气压、温度的单位，最小显示、测距模式、棱镜常数、水平角和垂直角形式、双轴改正等。可提前设置好仪器，在测量过程中不再改动。

⑤ 手工记录以便检核各项限差，内存记录用作对照检查。

（2）测量操作步骤。

① 在测站上安置全站仪，对中、整平（激光对中、电子整平时要先启动仪器），量记仪器高。

② 在各镜站上安置棱镜，对中、整平，量记棱镜高，镜面对向测站。

③ 打开全站仪电源，盘左望远镜十字丝照准后视方向的反射棱镜觇牌纵横标志线，配置水平度盘，并读记水平角读数，然后照准前视，读记水平角读数。

④ 倒镜，盘右观测水平角的下半测回。

⑤ 按与观测水平角相似的方法依次观测天顶距和斜距。

⑥ 完成全部规定测回的观测。

⑦ 量测仪器高、棱镜高作为检核。

⑧ 检查记录正确无误后关闭仪器，本站结束，仪器装箱，迁至下站。

（3）作业限差与技术要求，见表3-4～表3-8。

表3-4 导线测量主要技术要求

等级	附合导线长度 /km	平均边长 /km	每边测距中误差 /mm	测角中误差 /″	导线全长相对闭合差	测回数	方位角闭合差 /″
四等	9	1.5	±18	±2.5	1/35 000	6	$±5\sqrt{n}$
一级	4	0.5	±15	±5.0	1/15 000	2	$±10\sqrt{n}$

表3-5 导线水平角方向观测法的技术要求（DJ_2）

等级	光学测微器两次重合读数之差 /″	半测回归零差 /″	一测回2c较差 /″	同一方向值各测回较差 /″
四等及以上	3	8	13	9
一级及以下	—	12	18	12

注：对于三、四等导线，当只有两个观测方向时，应半数测回测左角，半数测回测右角，且[左角]中+[右角]中－360°应小于相应等级测角中误差的2倍。

表 3-6 测距的主要技术要求

平面控制网等级	仪器精度等级	每边测回数 往	每边测回数 返	一测回读数较差/mm	单程各测回较差/mm	往返测距较差/mm
四等	5 mm 级仪器	2	2	≤5	≤7	$\leq 2(a+b\times D)$
四等	10 mm 级仪器	3	3	≤10	≤15	$\leq 2(a+b\times D)$
一级	10 mm 级仪器	2	—	≤10	≤15	—
二三级	10 mm 级仪器	1	—	≤10	≤15	—

注："测距一测回"的含义是照准一次读数 2～4 次。

表 3-7 电磁波测距三角高程测量的主要技术指标

等级	每千米高差全中误差/mm	边长/km	观测方式	对向观测高差较差/mm	附合或环形闭合差/mm
四等	10	≤1	对向观测	$40\sqrt{D}$	$20\sqrt{\sum D}$
五等	15	≤1	对向观测	$60\sqrt{D}$	$30\sqrt{\sum D}$

注：① D 为电磁波测距边长度（km）。
② 起讫点的精度等级，四等应起讫于不低于三等水准的高程点上，五等应起讫于不低于四等的高程点上。
③ 线路长度不应超过相应等级水准路线的总长度。

表 3-8 电磁波测距三角高程观测的主要技术指标

等级	垂直角观测				边长测量	
	仪器精度	测回数	指标差较差/″	测回较差/″	仪器精度	观测次数
四等	2″级	3	≤7″	≤7″	10 mm 级仪器	往返各一次
五等	2″级	2	≤10″	≤10″	10 mm 级仪器	往一次

注：① 仪器、反光镜或觇牌的高度，应在观测前后各量测一次并精确至 1 mm，取其平均值作为最终高度。
② 高程成果的取值，应精确至 1 mm。

三、编写"××地区控制测量技术总结报告"

完成××地区控制测量外业工作后，每人编写一份技术总结报告，要求内容全面、概念正确、语句通顺、文字简练、书写工整、插图和数表清晰美观，并按统一格式以 A4 纸书写。

根据《测绘技术设计规定》（CH/T1004—2000），技术总结的主要内容如下：

1. 概　述

（1）测绘项目的名称、专业测绘任务的来源，专业测绘任务的内容、任务量和目标，产品交付与接收情况等。

（2）计划与实际完成情况、作业率的统计。

（3）作业区概况和已有资料的利用情况。

2. 技术设计执行情况

主要内容包括：

（1）说明专业活动所依据的技术性文件，内容包括：

① 专业技术设计书及其有关的技术设计更改文件，必要时也包括本测绘项目的项目设计书及其设计更改文件。

② 有关的技术标准和规范。

（2）说明和评价专业技术活动过程中，专业技术设计文件的执行情况，并重点说明专业测绘生产过程中，专业技术设计书的更改情况（包括专业技术设计更改内容、原因的说明等）。

（3）描述专业测绘生产过程中出现的主要技术问题和处理方法、特殊情况的处理及其达到的效果等。

（4）当作业过程中采用新技术、新方法、新材料时，应详细描述和总结其应用情况。

（5）总结专业测绘生产中的经验、教训（包括重大的缺陷和失败）和遗留问题，并对今后生产提出改进意见和建议。

3. 测绘成果（产品）质量情况

说明和评价测绘成果（或产品）的质量情况（包括必要的精度统计），产品达到的技术标准，并说明测绘成果（或产品）的质量检查报告和编号。

4. 上交测绘成果（产品）和资料清单

说明上交测绘成果（或产品）和资料的主要内容和形式，主要包括：

（1）测绘成果（或产品）：说明其名称、数量、类型等；当上交成果的数量或范围有变化时，需附上交成果分布图。

（2）文档资料：专业技术设计文件、专业技术总结、检查报告，必要的文档簿（图历簿）以及其他作业过程中形成的重要记录。

（3）上交实训报告，主要内容如下：

① 实习目的和要求；

② 实习基本概况与个人工作概述（含图表）；

③ 数据分析与处理过程（含图表）；

④ 导线和水准测量成果表；

⑤ 内、外业的关键技术与成果分析的结论；

⑥ 实习的体会、建议与创新见解。

5．控制测量综合实训考核标准

（1）精密水准测量实训成绩（10分）：根据对学生平时水准测量实训情况的考核，由指导教师给出。

（2）GPS测量平时成绩（10分）：根据对学生平时GPS测量实训情况的考核，由指导教师给出。

（3）全站仪导线平时成绩（10分）：根据对学生平时全站仪实训情况的考核，由指导教师给出。

（4）技术设计书的编写（10分）：由指导教师根据学生编写技术设计书的内容、认真程度、水平等给出。

（5）实训报告的编写（10分）：由指导教师根据学生编写技术总结报告的内容、认真程度、水平等给出。

（6）全站仪实际操作考核（20分）。

（7）DS_1型二等水准测量实际操作考核（20分）。

（8）组长给组员打分（10分）。

第四部分 全站仪简要操作手册

项目一 南方全站仪简要说明书

一、操作入门（见图 4-1）

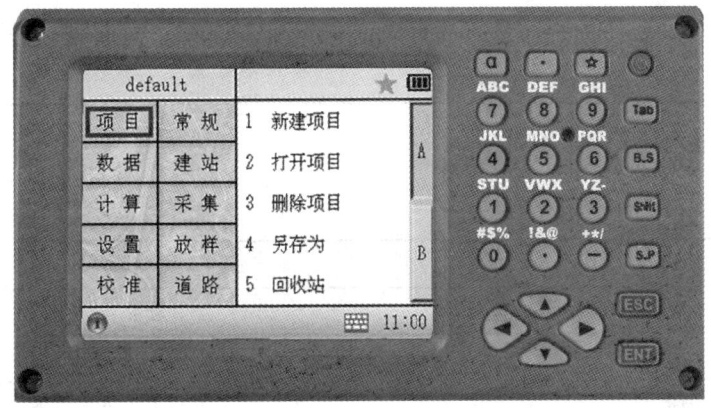

图 4-1 南方全站仪测量程序主界面

1. 操作键的含义（见表 4-1）

表 4-1

符 号	含 义
α	输入字符时，在大小写输入之间进行切换
▦	打开软键盘
★	打开和关闭快捷功能菜单，气象参数设置，激光对中
⏻	电源开关，短按切换不同标签页，长按开关电源
Tab	Tab 使屏幕的焦点在不同的控件之间切换
B.S	B.S 退格键
Shift	Shift 在输入字符和数字之间进行切换

续表

符　号	含　义
S.P	S.P 空格键
ESC	ESC 退出键
ENT	ENT 确认键
▲▼◀▶	在不同的控件之间进行跳转或者移动光标
0 — 9	输入数字和字母
—	输入负号或者其他字母
.	输入小数点

2. 显示符号意义（见表 4-2）

表 4-2

显示符号	内容
V	垂直角
V%	垂直角（坡度显示）
HR	水平角（右角）
HL	水平角（左角）
HD	水平距离
VD	高差
SD	斜距
N	北向坐标
E	东向坐标
Z	高程
m	以米为距离单位
ft	以英尺为距离单位
dms	以度分秒为角度单位
gon	以哥恩为角度单位
mil	以密为角度单位
PSM	棱镜常数（以 mm 为单位）
PPM	大气改正值
PT	点名

二、常规测量

在常规测量程序下可完成一些基础的测量工作,见图4-2。

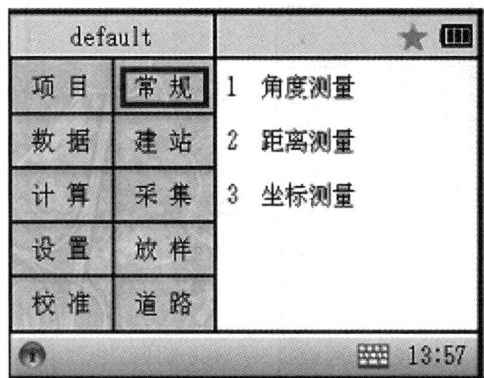

图4-2 常规测量模式

1．角度测量

(1) V:显示垂直角度。
(2) HR或者HL:显示水平右角或者水平左角。
(3) 置零:将当前水平角度设置为零。
(4) 保持:保持当前角度不变,直到释放为止。
(5) 置盘:通过输入设置当前的角度值。

2．距离测量

(1) SD:显示斜距值。
(2) HD:显示水平距离值。
(3) VD:显示垂直距离。
(4) 测量:开始进行距离测量。
(5) 模式:进入到测量模式设置。

3．坐标测量

(1)建站。坐标测量前必须建站,即给定全站仪已知数据,然后全站仪才能依据测量的角度和距离将坐标计算出来,见图4-3。
① 已知点建站。输入测站点的坐标和后视点的坐标(方位角)。
② 测站高程。通过输入后视点的高程、全站仪高度及棱镜的高度,计算出全站仪的高程。
③ 后视检查。检查后视点是否照准,如没有照准,需要重新进行设定。
④ 后方交会。通过测量两个已知点到全站仪的距离,然后根据输入的已知点坐标,计算出全站仪位置的坐标,并同时进行设置和定向。
(2)测量待定点坐标,执行"点测量"采集,在弹出的对话框中输入点号,然后进行测量,即完成数据的采集,见图4-4。

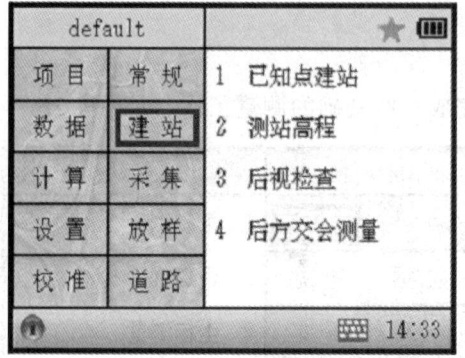

图 4-3 建站

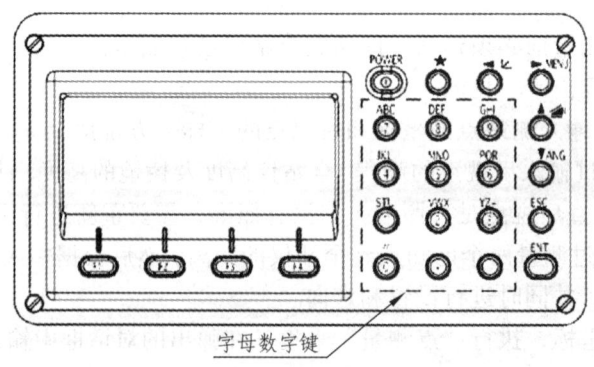

图 4-4 坐标采集

项目二 拓普康全站仪简要说明书

一、操作入门

拓普康 GPT—3002 系列全站仪操作界面见图 4-5，其按键名称与功能见表 4-3，显示屏显示常用符号表示的含义见表 4-4。

图 4-5 拓普康系列全站仪操作界面

表 4-3　拓普康系列全站仪按键名称与功能表

键	名　称	功　　能
★	星　键	星键模式用于如下项目的设置或显示： ① 显示屏对比度；② 十字丝照明；③ 背景光；④ 倾斜改正； ⑤ 定线点指示器（仅适用于有定线点指示器类型）；⑥ 设置音响模式
↗	坐标测量键	坐标测量模式
◢	距离测量键	距离测量模式
ANG	角度测量键	角度测量模式
POWER	电源键	点源开关
MENU	菜单键	在菜单模式和正常模式之间切换，在菜单模式下可设置应用测量与照明调节、仪器系统误差改正
ESC	退出键	① 返回测量模式或上一层模式； ② 从正常测量模式直接进入数据采集模式或放样模式； ③ 也可用作为正常测量模式下的记录键。 设置退出键功能的方法参见"选择模式"
ENT	确认输入键	在输入值之后按此键
F1-F4	软键（功能键）	对应于显示的软键功能信息

表 4-4　拓普康 GPT—3002 系列全站仪常用符号含义

显示符号	含　义	显示符号	含　义
V%	垂直角（坡度显示）	E	东向坐标
HR	水平角（右角）	Z	高程
HL	水平角（左角）	*	EDM（电子测距）正在进行
HD	水平距离	m	以米为单位
VD	高差	f	以英尺/英寸为单位
SD	倾斜	NP	切换棱镜/无棱镜模式
N	北向坐标	⌗	激光发射标志

二、角度测量

安置好仪器后，开机转动望远镜进行初始化，默认进入角度测量模式；若在其他模式下，按 ANG 键切入角度测量模式。角度测量模式分为 3 个页面，软键信息显示在显示屏幕的最底行见图 4-6，各软键的功能见表 4-5。

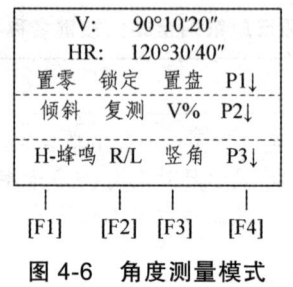

图 4-6 角度测量模式

表 4-5 角度测量模式各软键功能表

页数	软键	显示符号	功能
1	F1	置零	水平角置为 0°00′00″
1	F2	锁定	水平角读数锁定
1	F3	置盘	通过键盘输入数字设置水平角
1	F4	P1↓	显示第 2 页软键功能
2	F1	倾斜	设置倾斜改正开或关,若选择开,则显示倾斜改正值
2	F2	复测	角度重复测量模式
2	F3	V%	垂直角百分比坡度(%)显示
2	F4	P2↓	显示第 3 页软键功能
3	F1	H-蜂鸣	仪器每转动水平角 90° 是否要发出蜂鸣声的设置
3	F2	R/L	水平角左/右计数方向的转换
3	F3	竖角	垂直角显示格式(高度角/天顶距)的切换
3	F4	P3↓	显示下一页(第 1 页)软件功能

三、距离测量

按键◢进切入距离测量模式。距离测量模式分为 3 个页面,软键信息显示在显示屏幕的最底行如图 4-7,各软键的功能见表 4-6。

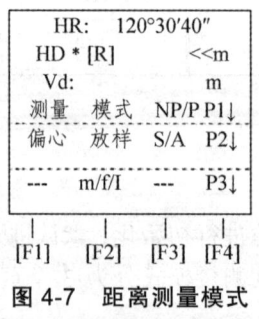

图 4-7 距离测量模式

表 4-6 距离测量模式各软键的功能表

1	F1	测量	启动测量
	F2	模式	设置测距模式精测/粗测/跟踪
	F3	NP/P	无/有棱镜模式切换
	F4	P1↓	显示第 2 页软键功能
2	F1	偏心	偏心测量模式
	F2	放样	放样测量模式
	F3	S/A	设置音响模式
	F4	P2↓	显示第 3 页软键功能
3	F2	m/f/i	米,英尺或者英尺、英寸单位的变换
	F4	P3↓	显示第 1 页软件功能

在进行距离测量时,首先要进行棱镜常数、大气改正值或气温、气压值等参数的设置。所谓棱镜常数,就是光在棱镜传播速度和在空气中不一致而引起的测距误差,通常会使距离测大一些,可通过棱镜常数进行改正。光在大气中的传播速度会随大气的温度和气压而变化,15 ℃ 和 760 mmHg 是仪器设置的一个标准值,此时的大气改正为 0 ppm。实测时,可输入温度和气压值,全站仪会自动计算大气改正值(也可直接输入大气改正值),并对测距结果进行改正。

设置距离测量可设为单次测量和 N 次测量。一般设为单次测量,以节约用电。距离测量可区分三种测量模式,即精测模式、粗测模式、跟踪模式。当距离测量模式和观测次数设定后,在测角模式下,照准棱镜中心,按 ◁ 键,即开始连续测量距离,显示内容从上往下为水平角(HR)、平距(HD)和高差(VD);或再按 ◁ 键一次,显示内容变为水平角(HR)、垂直角(V)和斜距(SD)。当连续测量不再需要时,可按 F1(测量)键,按设定的次数测量距离,最后显示距离平均值。

四、坐标测量

可以在(ㄴ)坐标测量键下测量,也可以在[MENU]菜单下操作进入坐标测量模式。坐标测量模式分为 3 个页面,软键信息显示在显示屏幕的最底行如图 4-8,各软键的功能见表 4-7。

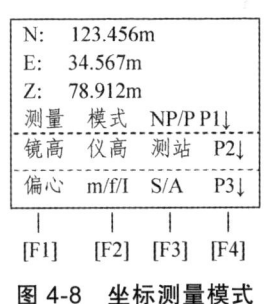

图 4-8 坐标测量模式

表 4-7 坐标测量模式各软键的功能表

1	F1	测量	开始测量
	F2	模式	设置测距模式，精测/粗测/跟踪
	F3	NP/P	无/有棱镜模式切换
	F4	P1↓	显示第2页软键功能
2	F1	镜高	输入棱镜高
	F2	仪高	输入仪器高
	F3	测站	输入测站点（仪器站）坐标
	F4	P2↓	显示第3页软键功能
3	F1	偏心	偏心测量模式
	F2	m/f/i	米，英尺或者英尺、英寸单位的变换
	F3	S/A	设置音响模式
	F4	P3↓	显示第1页软件功能

输入待测点点号、编码、棱镜高，即可进行坐标测量。测量数据被存储后，显示屏变换到下一个镜点，点号自动增加，即可进行下一个点的坐标测量。

参 考 文 献

[1] 王运昌. 测量仪器与实验[M]. 北京：冶金工业出版社，1998.
[2] 陈丽华. 测量学[M]. 杭州：浙江大学出版社，2009.
[3] 马真安. 工程测量实训指导[M]. 北京：人民交通出版社，2005.
[4] 李　勇. 测量学[M]. 沈阳：东北大学出版社，2010.
[5] 林玉祥. 控制测量技术[M]. 北京：中国电力出版社，2013.
[6] 张凤举，张华海，赵长胜，等. 控制测量学[M]. 北京：煤炭工业出版社，1999.
[7] 程鹏飞，成英燕，文汉江，等. 2000 国家大地坐标系实用宝典[M]. 北京：测绘出版社，2008.
[8] 孔祥元，梅是义. 控制测量学[M]. 武汉：武汉大学出版社，2004.
[9] 傅　博，赵茂哲. J2 级光学经纬仪结构与检修[M]. 西安：陕西科学技术出版社，1994.
[10] 中华人民共和国建设部，中华人民共和国国家质量监督检验检疫总局. GB50026—2007 工程测量规范[S]. 北京：中国计划出版社，2008.
[11] 中华人民共和国建设部. CJJ8—99 城市测量规范[S]. 北京：中国建筑工业出版社，1999.
[12] 中华人民共和国国家标准. GB12897—91 国家一、二等水准测量规范[S]. 北京：中国标准出版社，1991.

附　表

附表 1　测回法观测水平角记录表

班级：　　　　组号：　　　　组长：　　　　仪器：　　　　编号：
成像：　　　　温度：　　　　气压：　　　　日期：　　　年　　月　　日

测站	目标	竖盘位置	水平度盘读数 /(° ′ ″)	半测回角值	一测回平均角值 /(° ′ ″)	备注
		左				
		右				
		左				
		右				
		左				
		右				
		左				
		右				
		左				
		右				
		左				
		右				

观测者：　　　　　　　　　　记录者：

附表 1　测回法观测水平角记录表

班级：　　　　组号：　　　　组长：　　　　仪器：　　　　编号：
成像：　　　　温度：　　　　气压：　　　　日期：　　　　年　月　日

测站	目标	竖盘位置	水平度盘读数 /(° ′ ″)	半测回角值	一测回平均角值 /(° ′ ″)	备注
		左				
		右				
		左				
		右				
		左				
		右				
		左				
		右				
		左				
		右				
		左				
		右				

观测者：　　　　　　　　记录者：

附表 2 测回法观测竖直角记录表

班级：　　　　　组号：　　　　　组长：　　　　　仪器：　　　　　编号：
成像：　　　　　温度：　　　　　气压：　　　　　日期：　　　年　月　日

测站	目标	竖盘位置	竖盘读数 /(° ′ ″)	半测回竖直角 /(° ′ ″)	指标差 /(′ ″)	一测回竖直角 /(° ′ ″)
		左				
		右				
		左				
		右				
		左				
		右				
		左				
		右				
		左				
		右				
		左				
		右				
		左				
		右				
		左				
		右				
		左				
		右				
		左				
		右				

观测者：　　　　　　　　　记录者：

附表 2　测回法观测竖直角记录表

班级：　　　　　组号：　　　　　组长：　　　　　仪器：　　　　　编号：
成像：　　　　　温度：　　　　　气压：　　　　　日期：　　　　年　　月　　日

测站	目标	竖盘位置	竖盘读数 /(° ′ ″)	半测回竖直角 /(° ′ ″)	指标差 /(′ ″)	一测回竖直角 /(° ′ ″)
		左				
		右				
		左				
		右				
		左				
		右				
		左				
		右				
		左				
		右				
		左				
		右				
		左				
		右				
		左				
		右				
		左				
		右				
		左				
		右				

观测者：　　　　　　　　　记录者：

附表 3 水平角方向观测法记录表

第　　　　No.　　　　点　名：　　　　等级：　　　　日期：　　　年　月　日
天气：　　　仪器：　　　　　　组　别：　　　　　　　　　　　开始：　　　时　时　分
成像：　　　班级：　　　　　　记录者：　　　　　　　　　　　结束：　　　时　时　分
　　　　　　观测者：

测回

方向号数名称及照准目标	读数				左−右 (2c)	$\dfrac{左+右}{2}$	方向值	附注
	盘左			盘右				
	° ′	″	° ′	″	″	″	° ′ ″	
—								
—								
—								

附表 3 水平角方向观测法记录表

第　　　测回　　　No.　　　　　　　　　点　名：　　　　　　　等级：　　　　　　　日期：　　　　　年　月　日
天气：　　　　仪器：　　　　　　　　　　　班　别：　　　　　　　　　　　　　　　　　开始：　　　　时　分
成像：　　　　观测者：　　　　　　　　　　记录者：　　　　　　　　　　　　　　　　　结束：　　　　时　分

方向号数名称及照准目标	读数						左−右 (2c)	$\dfrac{左+右}{2}$	方向值	附注
	盘左			盘右						
	° ′	″	″	° ′	″	″	″	″	° ′ ″	

附表 3 水平角方向观测法记录表

日期: 　　　　　年　月　日
开始: 　　　　　时　分
结束: 　　　　　时　分

No. 　　　　　仪器: 　　　　　点 名: 　　　　　等级:
班级: 　　　　　组 别:
观测者: 　　　　记录者:

第　　测回　　天气:　　成像:

方向号数名称及照准目标	读数				左-右 (2c)	$\dfrac{左+右}{2}$	方向值	附注
	盘左			盘右				
	° ′	″	° ′	″	″	″	° ′ ″	

附表 3 水平角方向观测法记录表

第　　测回　　　　　No.　　　　　点　名：　　　　　等级：　　　　　日期：　　　　　年　月　日
天气：　　　　　仪器　　　　　组　别：　　　　　　　　　　　　　　　开始：　　　　　时　分
成像：　　　　　班级：　　　　　记录者：　　　　　　　　　　　　　　结束：　　　　　时　分
　　　　　　　　观测者：

方向号数名称及照准目标	读数				左−右 (2c)	左+右 / 2	方向值	附注
	盘左			盘右				
	° ′	″	° ′	″	″	″	° ′ ″	
—								
—								
—								
—								
—								
—								
—								
—								

附表4 导线观测记录表

班级：　　　　　　组号：　　　　　　组长：　　　　　　仪器：　　　　　　编号：
成像：　　　　　　温度：　　　　　　气压：　　　　　　日期：　　　年　　月　　日

测回序号	觇点	读数/(° ′ ″)		$2c$ /″	半测回方向值 /(° ′ ″)	方向值 /(° ′ ″)
		盘左	盘右			

垂直角观测：

测回序号	觇点	读数/(° ′ ″)		指标差 /″	垂直角 /(° ′ ″)	目标高 /m
		盘左	盘右			

边长观测：

由_____至_____　　　　　　　　　　　由_____至_____

测回序号	距离（斜距）测量/m				测回序号	距离（斜距）测量/m			
	读数1	读数2	读数3	平均		读数1	读数2	读数3	平均
测距中数					测距中数				

测站：　　　　　　　　　　观测者：　　　　　　　　　　记录者：

附表4 导线观测记录表

班级：　　　　　　组号：　　　　　　组长：　　　　　　仪器：　　　　　　编号：

成像：　　　　　　温度：　　　　　　气压：　　　　　　日期：　　　年　　月　　日

测回序号	觇点	读数/(° ′ ″)		2c /″	半测回方向值/(° ′ ″)	方向值/(° ′ ″)
		盘左	盘右			

垂直角观测：

测回序号	觇点	读数/(° ′ ″)		指标差/″	垂直角/(° ′ ″)	目标高/m
		盘左	盘右			

边长观测：

由_____至_____　　　　　　　　　　由_____至_____

测回序号	距离（斜距）测量/m				测回序号	距离（斜距）测量/m			
	读数1	读数2	读数3	平均		读数1	读数2	读数3	平均
测距中数					测距中数				

测站：　　　　　　　　观测者：　　　　　　　　记录者：

附表 4 导线观测记录表

班级：   组号：   组长：   仪器：   编号：
成像：   温度：   气压：   日期：   年   月   日

测回序号	觇点	读数/(° ′ ″)		2c /″	半测回方向值/(° ′ ″)	方向值/(° ′ ″)
		盘左	盘右			

垂直角观测：

测回序号	觇点	读数/(° ′ ″)		指标差/″	垂直角/(° ′ ″)	目标高/m
		盘左	盘右			

边长观测：

由_____至_____   由_____至_____

测回序号	距离（斜距）测量/m				测回序号	距离（斜距）测量/m			
	读数 1	读数 2	读数 3	平均		读数 1	读数 2	读数 3	平均
测距中数					测距中数				

测站：   观测者：   记录者：

附表4 导线观测记录表

班级：　　　　　组号：　　　　　组长：　　　　　仪器：　　　　　编号：
成像：　　　　　温度：　　　　　气压：　　　　　日期：　　　年　　月　　日

测回序号	觇点	读数/(°　′　″)		2c /″	半测回方向值 /(°　′　″)	方向值 /(°　′　″)
		盘左	盘右			

垂直角观测：

测回序号	觇点	读数/(°　′　″)		指标差 /″	垂直角 /(°　′　″)	目标高 /m
		盘左	盘右			

边长观测：

由＿＿＿＿＿至＿＿＿＿＿　　　　　　　　　　由＿＿＿＿＿至＿＿＿＿＿

测回序号	距离（斜距）测量/m				测回序号	距离（斜距）测量/m			
	读数1	读数2	读数3	平均		读数1	读数2	读数3	平均
测距中数					测距中数				

测站：　　　　　　　观测者：　　　　　　　记录者：

附表4 导线观测记录表

班级：　　　　　组号：　　　　　组长：　　　　　仪器：　　　　　编号：
成像：　　　　　温度：　　　　　气压：　　　　　日期：　　　年　　月　　日

测回序号	觇点	读数/(° ′ ″)		2c /″	半测回方向值 /(° ′ ″)	方向值 /(° ′ ″)
		盘左	盘右			

垂直角观测：

测回序号	觇点	读数/(° ′ ″)		指标差 /″	垂直角 /(° ′ ″)	目标高 /m
		盘左	盘右			

边长观测：

由＿＿＿＿至＿＿＿＿　　　　　　　　　由＿＿＿＿至＿＿＿＿

测回序号	距离（斜距）测量/m				测回序号	距离（斜距）测量/m			
	读数1	读数2	读数3	平均		读数1	读数2	读数3	平均
测距中数					测距中数				

测站：　　　　　　　观测者：　　　　　　　记录者：

附表4 导线观测记录表

班级：　　　　　　组号：　　　　　　组长：　　　　　　仪器：　　　　　　编号：

成像：　　　　　　温度：　　　　　　气压：　　　　　　日期：　　　年　　　月　　　日

测回序号	觇点	读数/(° ′ ″)		2c /″	半测回方向值/(° ′ ″)	方向值/(° ′ ″)
		盘左	盘右			

垂直角观测：

测回序号	觇点	读数/(° ′ ″)		指标差/″	垂直角/(° ′ ″)	目标高/m
		盘左	盘右			

边长观测：

由_____至_____　　　　　　　　　　由_____至_____

测回序号	距离（斜距）测量/m				测回序号	距离（斜距）测量/m			
	读数1	读数2	读数3	平均		读数1	读数2	读数3	平均
测距中数					测距中数				

测站：　　　　　　观测者：　　　　　　记录者：

附表4 导线观测记录表

班级:　　　　　组号:　　　　　组长:　　　　　仪器:　　　　　编号:

成像:　　　　　温度:　　　　　气压:　　　　　日期:　　　年　　月　　日

测回序号	觇点	读数/(° ′ ″)		2c /″	半测回方向值 /(° ′ ″)	方向值 /(° ′ ″)
		盘左	盘右			

垂直角观测:

测回序号	觇点	读数/(° ′ ″)		指标差 /″	垂直角 /(° ′ ″)	目标高 /m
		盘左	盘右			

边长观测:

由_____至_____　　　　　　　　　　由_____至_____

测回序号	距离（斜距）测量/m				测回序号	距离（斜距）测量/m			
	读数1	读数2	读数3	平均		读数1	读数2	读数3	平均
测距中数					测距中数				

测站:　　　　　观测者:　　　　　记录者:

附表4 导线观测记录表

班级：　　　　　组号：　　　　　组长：　　　　　仪器：　　　　　编号：
成像：　　　　　温度：　　　　　气压：　　　　　日期：　　　年　　月　　日

测回序号	觇点	读数/(° ′ ″)		2c /″	半测回方向值 /(° ′ ″)	方向值 /(° ′ ″)
		盘左	盘右			

垂直角观测：

测回序号	觇点	读数/(° ′ ″)		指标差 /″	垂直角 /(° ′ ″)	目标高 /m
		盘左	盘右			

边长观测：

由_____至_____　　　　　　　　　　由_____至_____

测回序号	距离（斜距）测量/m				测回序号	距离（斜距）测量/m			
	读数1	读数2	读数3	平均		读数1	读数2	读数3	平均
测距中数					测距中数				

测站：　　　　　观测者：　　　　　记录者：

附表 5　高、低点法测定视准轴和横轴误差记录表 1

班级：　　　　组号：　　　　组长：　　　　仪器：　　　　编号：
成像：　　　　温度：　　　　气压：　　　　日期：　　　年　　月　　日

度盘位置	照准点	读　数		$2c$ (左 $-$ 右 $\pm 180°$)	$\frac{1}{2}$(左 $+$ 右 $\pm 180°$)	角　度
		盘左（L）	盘右（R）			
°		° ′ ″　″	° ′ ″　″	″	° ′ ″	° ′ ″
0（顺）	1 高点					
	2 低点					
30	1					
	2					
60	1					
	2					
90（逆）	1					
	2					
120	1					
	2					
150	1					
	2					

$c_{高} = \frac{1}{2m} \sum_{1}^{n} (L-R)_{高} =$

$c_{低} = \frac{1}{2m} \sum_{1}^{n} (L-R)_{低} =$

附表5 高、低点法测定视准轴和横轴误差记录表2

照准点	测回	读数							指标差 /″	垂直角 /(° ′ ″)
		盘 左				盘 右				
		°	′	″	″	°	′	″	″	
高点	Ⅰ									
	Ⅱ									
	Ⅲ									
								中 数		
低点	Ⅰ									
	Ⅱ									
	Ⅲ									
								中 数		
$\alpha =$										

水平轴不垂直于垂直轴之差：$i = \dfrac{1}{2}(c_{高} - c_{低})\cot \alpha = \dfrac{1}{2}(2.5'' - 4.3'') \times 7.112 = -6.4''$

观测者：　　　　　　记录者：

附表 5 高、低点法测定视准轴和横轴误差记录表 1

班级：　　　　　组号：　　　　　组长：　　　　　仪器：　　　　　编号：
成像：　　　　　温度：　　　　　气压：　　　　　日期：　　　年　　月　　日

度盘位置	照准点	读　数		$2c$ （左－右±180°）	$\frac{1}{2}$(左+右±180°)	角　度
		盘左（L）	盘右（R）			
°		° ′ ″	° ′ ″	″	° ′ ″	° ′ ″
0（顺）	1 高点					
	2 低点					
30	1					
	2					
60	1					
	2					
90（逆）	1					
	2					
120	1					
	2					
150	1					
	2					

$c_{高} = \dfrac{1}{2m}\sum_{1}^{n}(L-R)_{高} =$

$c_{低} = \dfrac{1}{2m}\sum_{1}^{n}(L-R)_{低} =$

附表5　高、低点法测定视准轴和横轴误差记录表2

照准点	测回	读数				指标差 /″	垂直角 /(°′″)
		盘　左		盘　右			
		°　′　″	″	°　′　″	″		
高点	Ⅰ						
	Ⅱ						
	Ⅲ						
						中　数	
低点	Ⅰ						
	Ⅱ						
	Ⅲ						
						中　数	
		$\alpha =$					

水平轴不垂直于垂直轴之差：$i = \dfrac{1}{2}(c_{高} - c_{低}) \cot \alpha =$

观测者：　　　　　　　记录者：

附表6 一（二）等水准观测记录表

班级：　　　　组号：　　　　组长：　　　　仪器：　　　　编号：
成像：　　　　温度：　　　　气压：　　　　日期：　　　年　　月　　日

测站编号	后尺 上丝 下丝 后视距 视距差 *d*	前尺 上丝 下丝 前视距 ∑*d*	方向及尺号	标尺读数		基+*K* 减辅 （一减二）	备考
				基本分划 （一次）	辅助分划 （二次）		
			后	.	.		
			前	.	.		
			后－前				
			h	.			
			后	.	.		
			前	.	.		
			后－前				
			h	.			
			后	.	.		
			前	.	.		
			后－前				
			h	.			
			后	.	.		
			前	.	.		
			后－前				
			h	.			
			后	.	.		
			前	.	.		
			后－前				
			h	.			
			后	.	.		
			前	.	.		
			后－前				
			h	.			
			后	.	.		
			前	.	.		
			后－前	.	.		
			h	.			
测段计算			后				
			前				
			后－前				
			h				

观测者：　　　　　　　　　　记录者：

附表6 一（二）等水准观测记录表

班级： 　　　组号： 　　　组长： 　　　仪器： 　　　编号：

成像： 　　　温度： 　　　气压： 　　　日期： 　　　年　　　月　　　日

测站编号	后尺 上丝 / 下丝　后视距　视距差 d	前尺 上丝 / 下丝　前视距　$\sum d$	方向及尺号	标尺读数 基本分划（一次）	标尺读数 辅助分划（二次）	基+K 减辅（一减二）	备考
			后	.	.		
			前	.	.		
			后－前	.	.		
			h	.			
			后	.	.		
			前	.	.		
			后－前	.	.		
			h	.			
			后	.	.		
			前	.	.		
			后－前	.	.		
			h	.			
			后	.	.		
			前	.	.		
			后－前	.	.		
			h	.			
			后	.	.		
			前	.	.		
			后－前	.	.		
			h	.			
			后	.	.		
			前	.	.		
			后－前	.	.		
			h	.			
			后	.	.		
			前	.	.		
			后－前	.	.		
			h	.			
测段计算			后				
			前				
			后－前				
			h				

观测者： 　　　　　　　记录者：

附表6 一（二）等水准观测记录表

班级：　　　　　组号：　　　　　组长：　　　　　仪器：　　　　　编号：

成像：　　　　　温度：　　　　　气压：　　　　　日期：　　　　年　　月　　日

测站编号	后尺 上丝		前尺 上丝		方向及尺号	标尺读数		基+K 减辅 （一减二）	备考
		下丝		下丝		基本分划 （一次）	辅助分划 （二次）		
	后视距		前视距						
	视距差 d		$\sum d$						
					后	.	.		
					前	.	.		
					后－前	.	.		
					h		.		
					后	.	.		
					前	.	.		
					后－前	.	.		
					h		.		
					后	.	.		
					前	.	.		
					后－前	.	.		
					h		.		
					后	.	.		
					前	.	.		
					后－前	.	.		
					h		.		
					后	.	.		
					前	.	.		
					后－前	.	.		
					h		.		
					后	.	.		
					前	.	.		
					后－前	.	.		
					h		.		
					后	.	.		
					前	.	.		
					后－前	.	.		
					h		.		
测段计算					后				
					前				
					后－前				
					h				

观测者：　　　　　　　　　　记录者：

附表6 一（二）等水准观测记录表

班级：　　　　　组号：　　　　　组长：　　　　　仪器：　　　　　编号：
成像：　　　　　温度：　　　　　气压：　　　　　日期：　　　年　　月　　日

测站编号	后尺 上丝 / 下丝 / 后视距 / 视距差 d	前尺 上丝 / 下丝 / 前视距 / $\sum d$	方向及尺号	标尺读数 基本分划（一次）	标尺读数 辅助分划（二次）	基+K 减辅（一减二）	备 考
			后	.	.		
			前	.	.		
			后－前	.	.		
			h	.			
			后	.	.		
			前	.	.		
			后－前	.	.		
			h	.			
			后	.	.		
			前	.	.		
			后－前	.	.		
			h	.			
			后	.	.		
			前	.	.		
			后－前	.	.		
			h	.			
			后	.	.		
			前	.	.		
			后－前	.	.		
			h	.			
			后	.	.		
			前	.	.		
			后－前	.	.		
			h	.			
			后	.	.		
			前	.	.		
			后－前	.	.		
			h	.			
测段计算			后				
			前				
			后－前				
			h				

观测者：　　　　　　　　记录者：

附表6 一（二）等水准观测记录表

班级：　　　　　组号：　　　　　组长：　　　　　仪器：　　　　　编号：

成像：　　　　　温度：　　　　　气压：　　　　　日期：　　　年　　月　　日

测站编号	后尺 上丝		前尺 上丝		方向及尺号	标尺读数		基+K 减辅（一减二）	备考
		下丝		下丝		基本分划（一次）	辅助分划（二次）		
	后视距		前视距						
	视距差 d		$\sum d$						
					后	.	.		
					前	.	.		
					后－前	.	.		
					h	.			
					后	.	.		
					前	.	.		
					后－前	.	.		
					h	.			
					后	.	.		
					前	.	.		
					后－前	.	.		
					h	.			
					后	.	.		
					前	.	.		
					后－前	.	.		
					h	.			
					后	.	.		
					前	.	.		
					后－前	.	.		
					h	.			
					后	.	.		
					前	.	.		
					后－前	.	.		
					h	.			
					后	.	.		
					前	.	.		
					后－前	.	.		
					h	.			
测段计算					后				
					前				
					后－前				
					h				

观测者：　　　　　　　　　　　记录者：

附表6 一（二）等水准观测记录表

班级：　　　　　组号：　　　　　组长：　　　　　仪器：　　　　　编号：

成像：　　　　　温度：　　　　　气压：　　　　　日期：　　　年　　月　　日

测站编号	后尺 上丝	前尺 上丝	方向及尺号	标尺读数		基+K 减辅（一减二）	备考
	下丝	下丝		基本分划（一次）	辅助分划（二次）		
	后视距	前视距					
	视距差 d	$\sum d$					
			后	．	．		
			前	．	．		
			后－前	．	．		
			h		．		
			后	．	．		
			前	．	．		
			后－前				
			h		．		
			后	．	．		
			前	．	．		
			后－前				
			h		．		
			后	．	．		
			前	．	．		
			后－前	．	．		
			h		．		
			后	．	．		
			前	．	．		
			后－前	．	．		
			h		．		
			后	．	．		
			前	．	．		
			后－前				
			h		．		
			后	．	．		
			前	．	．		
			后－前	．	．		
			h				
测段计算			后				
			前				
			后－前				
			h				

观测者：　　　　　　　　　记录者：

附表6 一（二）等水准观测记录表

班级：　　　　　组号：　　　　　组长：　　　　　仪器：　　　　　编号：
成像：　　　　　温度：　　　　　气压：　　　　　日期：　　　　　年　月　日

测站编号	后尺 上丝 / 下丝 / 后视距 / 视距差 d	前尺 上丝 / 下丝 / 前视距 / $\sum d$	方向及尺号	标尺读数 基本分划（一次）	标尺读数 辅助分划（二次）	基+K 减辅（一减二）	备考
			后	.	.		
			前	.	.		
			后－前	.	.		
			h	.			
			后	.	.		
			前	.	.		
			后－前	.	.		
			h	.			
			后	.	.		
			前	.	.		
			后－前	.	.		
			h	.			
			后	.	.		
			前	.	.		
			后－前	.	.		
			h	.			
			后	.	.		
			前	.	.		
			后－前	.	.		
			h	.			
			后	.	.		
			前	.	.		
			后－前	.	.		
			h	.			
			后	.	.		
			前	.	.		
			后－前	.	.		
			h	.			
测段计算			后				
			前				
			后－前				
			h				

观测者：　　　　　　　　　记录者：

附表6 一（二）等水准观测记录表

班级：　　　　　组号：　　　　　组长：　　　　　仪器：　　　　　编号：
成像：　　　　　温度：　　　　　气压：　　　　　日期：　　　年　　月　　日

测站编号	后尺 上丝 下丝 后视距 视距差 d	前尺 上丝 下丝 前视距 $\sum d$	方向及尺号	标尺读数		基+K 减辅 （一减二）	备考
				基本分划 （一次）	辅助分划 （二次）		
			后	.	.		
			前	.	.		
			后－前	.	.		
			h	.			
			后	.	.		
			前	.	.		
			后－前	.	.		
			h	.			
			后	.	.		
			前	.	.		
			后－前	.	.		
			h	.			
			后	.	.		
			前	.	.		
			后－前	.	.		
			h	.			
			后	.	.		
			前	.	.		
			后－前	.	.		
			h	.			
			后	.	.		
			前	.	.		
			后－前	.	.		
			h	.			
			后	.	.		
			前	.	.		
			后－前	.	.		
			h	.			
测段计算			后				
			前				
			后－前				
			h				

观测者：　　　　　　　　记录者：

附表 7　水准仪 i 角检验记录表

仪器：　　　　　　　水准尺：No.　　　　　　　观测者：
时间：　　　　　　　　　　　No.　　　　　　　记录者：
日期：　　　　　　　成　　像：　　　　　　　　检查者：

测站	观测次序	水准标尺读数		高差 $(a-b)$ /mm	i 角的计算
		A 尺读数 a	B 尺读数 b		
J_1	1				
	2				
	3				
	4				
	中数				
J_2	1				
	2				
	3				
	4				
	中数				AB 标尺间距离 $S=20.6$ m, $2\Delta(\text{mm})=(a_2-b_2)-(a_1-b_1)$ $=\quad$ mm $i''=10\Delta=\quad$ ″
	1				
	2				
	3				
	4				
	中数				
	1				
	2				
	3				
	4				
	中数				

附图：

附表7 水准仪 i 角检验记录表

仪器:	水准尺: No.	观测者:
时间:	No.	记录者:
日期:	成　像:	检查者:

测站	观测次序	水准标尺读数		高差 $(a-b)$/mm	i 角的计算
		A 尺读数 a	B 尺读数 b		
J_1	1				
	2				
	3				
	4				
	中数				
J_2	1				
	2				
	3				AB 标尺间距离 $S = 20.6$ m,
	4				$2\Delta(\text{mm}) = (a_2 - b_2) - (a_1 - b_1)$
	中数				$=$ 　　 mm
	1				$i'' = 10\Delta =$ 　　 $''$
	2				
	3				
	4				
	中数				
	1				
	2				
	3				
	4				
	中数				

附图:

附表 8 三角高程计算表

班级：　　　　　组号：　　　　　组长：　　　　　仪器：　　　　　编号：

成像：　　　　　温度：　　　　　气压：　　　　　日期：　　　　　年　　月　　日

测　　向					
观测斜距 d					
竖直角 α					
仪器高 i					
棱镜高 v					
$h' = d\sin\alpha + i - v$					
$E = Cd^2\cos^2\alpha$					
$h = h' + E$					
往返测不符值					
高差中数					
边　　名					
测　　向					
观测斜距 d					
竖直角 α					
仪器高 i					
棱镜高 v					
$h' = d\sin\alpha + i - v$					
$E = Cd^2\cos^2\alpha$					
$h = h' + E$					
往返测不符值					
高差中数					
边　　名					
测向					
观测斜距 d					
竖直角 α					
仪器高 i					
棱镜高 v					
$h' = d\sin\alpha + i - v$					
$E = Cd^2\cos^2\alpha$					
$h = h' + E$					
往返测不符值					
高差中数					

观测者：　　　　　　　　　　记录者：

附表 8 三角高程计算表

班级：　　　　　组号：　　　　　组长：　　　　　仪器：　　　　　编号：
成像：　　　　　温度：　　　　　气压：　　　　　日期：　　　　　年　　月　　日

测　　向					
观测斜距 d					
竖直角 α					
仪器高 i					
棱镜高 v					
$h' = d\sin\alpha + i - v$					
$E = Cd^2\cos^2\alpha$					
$h = h' + E$					
往返测不符值					
高差中数					
边　　名					
测　　向					
观测斜距 d					
竖直角 α					
仪器高 i					
棱镜高 v					
$h' = d\sin\alpha + i - v$					
$E = Cd^2\cos^2\alpha$					
$h = h' + E$					
往返测不符值					
高差中数					
边　　名					
测　向					
观测斜距 d					
竖直角 α					
仪器高 i					
棱镜高 v					
$h' = d\sin\alpha + i - v$					
$E = Cd^2\cos^2\alpha$					
$h = h' + E$					
往返测不符值					
高差中数					

观测者：　　　　　　　　　记录者：

附表8 三角高程计算表

班级：　　　　　组号：　　　　　组长：　　　　　仪器：　　　　　编号：
成像：　　　　　温度：　　　　　气压：　　　　　日期：　　　　　年　　月　　日

测　向						
观测斜距 d						
竖直角 α						
仪器高 i						
棱镜高 v						
$h' = d\sin\alpha + i - v$						
$E = Cd^2\cos^2\alpha$						
$h = h' + E$						
往返测不符值						
高差中数						
边　名						
测　向						
观测斜距 d						
竖直角 α						
仪器高 i						
棱镜高 v						
$h' = d\sin\alpha + i - v$						
$E = Cd^2\cos^2\alpha$						
$h = h' + E$						
往返测不符值						
高差中数						
边名						
测向						
观测斜距 d						
竖直角 α						
仪器高 i						
棱镜高 v						
$h' = d\sin\alpha + i - v$						
$E = Cd^2\cos^2\alpha$						
$h = h' + E$						
往返测不符值						
高差中数						

观测者：　　　　　　　　记录者：

附表 8　三角高程计算表

班级：　　　　　组号：　　　　　组长：　　　　　仪器：　　　　　编号：
成像：　　　　　温度：　　　　　气压：　　　　　日期：　　　　年　　月　　日

测　向					
观测斜距 d					
竖直角 α					
仪器高 i					
棱镜高 v					
$h' = d\sin\alpha + i - v$					
$E = Cd^2\cos^2\alpha$					
$h = h' + E$					
往返测不符值					
高差中数					
边　名					
测　向					
观测斜距 d					
竖直角 α					
仪器高 i					
棱镜高 v					
$h' = d\sin\alpha + i - v$					
$E = Cd^2\cos^2\alpha$					
$h = h' + E$					
往返测不符值					
高差中数					
边　名					
测向					
观测斜距 d					
竖直角 α					
仪器高 i					
棱镜高 v					
$h' = d\sin\alpha + i - v$					
$E = Cd^2\cos^2\alpha$					
$h = h' + E$					
往返测不符值					
高差中数					

观测者：　　　　　　　　记录者：

附表8 三角高程计算表

班级：　　　　　组号：　　　　　组长：　　　　　仪器：　　　　　编号：
成像：　　　　　温度：　　　　　气压：　　　　　日期：　　　　年　　月　　日

测　向					
观测斜距 d					
竖直角 α					
仪器高 i					
棱镜高 v					
$h' = d\sin\alpha + i - v$					
$E = Cd^2\cos^2\alpha$					
$h = h' + E$					
往返测不符值					
高差中数					
边　名					
测　向					
观测斜距 d					
竖直角 α					
仪器高 i					
棱镜高 v					
$h' = d\sin\alpha + i - v$					
$E = Cd^2\cos^2\alpha$					
$h = h' + E$					
往返测不符值					
高差中数					
边　名					
测　向					
观测斜距 d					
竖直角 α					
仪器高 i					
棱镜高 v					
$h' = d\sin\alpha + i - v$					
$E = Cd^2\cos^2\alpha$					
$h = h' + E$					
往返测不符值					
高差中数					

观测者：　　　　　　　　　记录者：

附表8 三角高程计算表

班级：　　　　　组号：　　　　　组长：　　　　　仪器：　　　　　编号：
成像：　　　　　温度：　　　　　气压：　　　　　日期：　　　　　年　　月　　日

测　　向					
观测斜距 d					
竖直角 α					
仪器高 i					
棱镜高 v					
$h' = d\sin\alpha + i - v$					
$E = Cd^2\cos^2\alpha$					
$h = h' + E$					
往返测不符值					
高差中数					
边　　名					
测　　向					
观测斜距 d					
竖直角 α					
仪器高 i					
棱镜高 v					
$h' = d\sin\alpha + i - v$					
$E = Cd^2\cos^2\alpha$					
$h = h' + E$					
往返测不符值					
高差中数					
边　　名					
测　　向					
观测斜距 d					
竖直角 α					
仪器高 i					
棱镜高 v					
$h' = d\sin\alpha + i - v$					
$E = Cd^2\cos^2\alpha$					
$h = h' + E$					
往返测不符值					
高差中数					

观测者：　　　　　　　　　　记录者：

附表 9　导线平差计算表

班级：　　　　　　组号：　　　　　　组长：　　　　　　记算者：　　　　　　日期：　　　　　　年　月　日

点号	观测右角	改正数	改正后角值	坐标方位角	边长	坐标增量计算值/m		改正后增量值/m		坐标/m	
						ΔX	ΔY	ΔX	ΔY	X	Y

附表 9 导线平差计算表

班级：　　　　　组号：　　　　　组长：　　　　　记算者：　　　　　日期：　　　　年　　月　　日

点号	观测右角	改正数	改正后角值	坐标方位角	边长	坐标增量计算值/m		改正后增量值/m		坐标/m	
						ΔX	ΔY	ΔX	ΔY	X	Y

附表 9 导线平差计算表

班级：　　　　　　组号：　　　　　　组长：　　　　　　记算者：　　　　　　日期：　　　　　　年　月　日

点号	观测右角	改正数	改正后角值	坐标方位角	边长	坐标增量计算值/m		改正后增量值/m		坐标/m	
						ΔX	ΔY	ΔX	ΔY	X	Y

附表 9 导线平差计算表

班级：　　　　　　　组号：　　　　　　　组长：　　　　　　　记算者：　　　　　　　日期：　　　年　　月　　日

点号	观测右角	改正数	改正后角值	坐标方位角	边长	坐标增量计算值/m		改正后增量/m		坐标/m	
						ΔX	ΔY	ΔX	ΔY	X	Y

附表 9 导线平差计算表

班级：　　　　　组号：　　　　　组长：　　　　　记算者：　　　　　日期：　　年　月　日

点号	观测右角	改正数	改正后角值	坐标方位角	边长	坐标增量计算值/m		改正后增量/m		坐标/m	
						ΔX	ΔY	ΔX	ΔY	X	Y

附表 9 导线平差计算表

班级：　　　　　组号：　　　　　组长：　　　　　记录者：　　　　　计算者：　　　　　日期：　　　年　　月　　日

点号	观测右角	改正数	改正后角值	坐标方位角	边长	坐标增量计算值/m		改正后增量值/m		坐标/m	
						ΔX	ΔY	ΔX	ΔY	X	Y

附表 10 高程平差计算表

班级：　　　　组号：　　　　组长：　　　　记算者：　　　　日期：　　　年　　月　　日

点号	测站数	高差/m	高差改正数/m	改正后高差/m	高程/m
∑					

$f_h =$　　　　　　　　　　$f_{h容} =$

观测者：　　　　　　　　　记录者：

附表 10　高程平差计算表

班级：　　　组号：　　　组长：　　　记算者：　　　日期：　　　年　月　日

点号	测站数	高差/m	高差改正数/m	改正后高差/m	高程/m
Σ					

$f_h =$　　　　　　　　　　$f_{h容} =$

观测者：　　　　　　　记录者：

附表 10 高程平差计算表

班级：   组号：   组长：   记算者：   日期：   年   月   日

点号	测站数	高差/m	高差改正数/m	改正后高差/m	高程/m
Σ					

$f_h =$ $f_{h容} =$

观测者：   记录者：

附表 10　高程平差计算表

班级：　　　组号：　　　组长：　　　记算者：　　　日期：　　　年　月　日

点号	测站数	高差/m	高差改正数/m	改正后高差/m	高程/m
Σ					

$f_h =$　　　　　　　　　　$f_{h容} =$

观测者：　　　　　　　　记录者：

附表 10　高程平差计算表

班级：　　　组号：　　　组长：　　　记算者：　　　日期：　　　年　月　日

点号	测站数	高差/m	高差改正数/m	改正后高差/m	高程/m
Σ					

$f_h =$　　　　　　　　　　$f_{h容} =$

观测者：　　　　　　　　　记录者：

附表10　高程平差计算表

班级：　　　组号：　　　组长：　　　记算者：　　　日期：　　年　月　日

点号	测站数	高差/m	高差改正数/m	改正后高差/m	高程/m
Σ					

$f_h =$　　　　　　　$f_{h容} =$

观测者：　　　　　记录者：